延伸或收缩壁面上
磁流体力学边界层传输问题研究

YANSHEN HUO SHOUSUO BIMIANSHANG
CI LIU TI LIXUE BIANJIECENG CHUANSHU WENTI YANJIU

苏晓红　著

知识产权出版社
全国百佳图书出版单位

图书在版编目（CIP）数据

延伸或收缩壁面上磁流体力学边界层传输问题研究/苏晓红著．—北京：知识产权出版社，2016.8

ISBN 978-7-5130-4428-8

Ⅰ.①延… Ⅱ.①苏… Ⅲ.①磁流体力学—研究 Ⅳ.①O361.3

中国版本图书馆 CIP 数据核字（2016）第 209900 号

内容提要

本书研究了延伸或收缩壁面上的磁流体边界层传递问题，主要针对的是水平、垂直和更一般的楔形延伸或收缩壁面这三种固面上不同类型的流体纵掠壁面边界层的流动和传热问题，内容包括对相应控制方程解定性性质的研究，解析求解 DTM-BF 方法的阐述，纳米流体边界层传递行为分析以及霍尔电流影响下的速度和温度场特点。希望本书的出版能进一步推动延伸或收缩壁面上边界层问题的研究。

责任编辑：段红梅	**责任校对**：谷　洋
执行编辑：高　鹏	**责任出版**：卢运霞

延伸或收缩壁面上磁流体力学边界层传输问题研究
苏晓红　著

出版发行：知识产权出版社有限责任公司	网　　址：http://www.ipph.cn
社　　址：北京市海淀区西外太平庄 55 号	邮　　编：100081
责编电话：010-82000860 转 8119	责编邮箱：duanhongmei@cnipr.com
发行电话：010-82000860 转 8101/8102	发行传真：010-82000893/82005070/82000270
印　　刷：北京中献拓方科技发展有限公司	经　　销：各大网上书店、新华书店及相关专业书店
开　　本：787mm×1092mm　1/16	印　　张：10
版　　次：2016 年 8 月第 1 版	印　　次：2016 年 8 月第 1 次印刷
字　　数：160 千字	定　　价：38.00 元

ISBN 978-7-5130-4428-8

出版权专有　侵权必究
如有印装质量问题，本社负责调换。

前　言

　　流体在毗邻延伸或收缩壁面区域内的动量、能量和质量的传输行为在冶金、铸造、化工、能源、航空航天、动力以及生物工程和纳米技术等工程与技术领域有着重要的应用；在许多工业中，流体在毗邻延伸或收缩壁面的传输行为很多情况下直接决定着最终产品的质量，具有不同性质的壁面对不同类型的流体在不同条件基于壁面延伸或收缩导致的流动和传热问题一直是物理学、材料学、流体力学和传热学等学科研究的热点之一，对它的研究也促进了非线性分析理论的进步，具有很高的学术研究价值。

　　边界层内的流动和传热问题一个显著特点是非线性程度较强，借助于飞速发展的计算机科学技术，对这方面的很多问题可采用数值方法，如有限差分法、有限元法、有限容积法、有限分析法和边界元法等求解。数值方法给出的是求解域上离散点的函数值，一般讲不能够仅通过数值模拟得到的数值解来实现对非线性问题本质一个全面、透彻的理解，特别是当非线性问题存在奇异性、分歧解或多解的情况，数值求解会非常困难或不能够得到问题的全部解，从而数值求解不能完全替代理论分析及解析求解。而基于理论分析和指导的数值模拟，对于克服计算中遇到的有关收敛性、稳定性、奇异性、解的分歧性（解的分叉或多解）等困难具有不可替代的作用，因此对问题的本质上的理论分析和解析求解对于分析非线性问题具有重要的意义。本书在对边界层流动和传热问题分析中，对其中的非线性问题基于微分变换的近似解析方法 DTM – BF 方法的计算做了重点介绍。

　　对于较稀薄流体或部分含有微细颗粒的流体，如乳剂、悬浮液、泡沫、聚合体溶剂，延伸壁面上可能出现速度滑移和温度跳跃现象，对边界层的流动和传热效率产生重要的影响。壁面滑移现象在人造心脏瓣膜和器官等工业制造中也有着重要的应用。当导电流体处在强度较大的外磁场作用下时，流体的导电性具有各向异性，此时霍尔效应的影响不能忽略，考虑霍尔效应下黏性磁流体边界层的研究对促进霍尔效应在霍尔加速器和磁流体发电等工业中的应用具有重要价值。

本书基于数学、物理学、流体力学、材科学和电磁动力学等学科知识，从理论分析、解析求解、数值求解等角度，介绍了延伸或收缩壁面的边界层传输问题，对在磁场、辐射、化学反应热、焦耳热、摩擦热、霍尔效应和滑移等多因素影响下，不同性质的流体绕流以不同特征速度延伸或收缩的壁面的边界层内的流体流动结构、边界层内动量、能量传递形式，揭示动量扩散和热量扩散之间相互关联的内在机理。通过分析相应问题的数学模型的定性性质以及对数学模型的数值和近似解析求解揭示各物理参数对于动量和热量传输行为的影响，认识问题的本质特性及其物理机理，确立它们正确的数学表征形式，为相关学科的研究和在实际工程方面的应用提供理论依据、思路和方法。具体而言，主要包括如下方面：

（1）阐述了基于微分变换法（DTM）和基函数（BF）结合的DTM–BF非线性解析解法的思想和求解步骤，将其应用于水平非稳态延伸和收缩壁面上MHD边界层流动和传热问题，并利用函数分析方法给出和证明了边界层速度的性质特点。

（2）利用DTM–BF解析方法和数值方法分析了延伸的垂直和楔形壁面上的MHD边界层传递问题，包括非稳态延伸垂直壁面的MHD动量和能量边界层，带滑移边界的楔形延伸壁面边界层，非静止主流中延伸楔形壁面上的MHD混合对流问题和纳米流体在楔形延伸壁面上的边界层流动和传热。

（3）分析了霍尔效应条件下延伸壁面上的MHD边界层传输特点，包括非稳态水平延伸壁面和楔形延伸壁面两种情况下的边界层流动和传热。

（4）用相似变换将边界层控制方程转化为非线性边值问题，所有的DTM–BF解析求解结果和数值求解结果或文献中的相应结果进行了对比，吻合较好。进一步分析了非稳态延伸/收缩、壁面速度或温度跳跃、辐射、热源/热汇、焦耳热和纳米流体的纳米粒子、楔形角度、霍尔电流和离子滑移等多因素共同对边界层内速度和温度传递行为的影响。

本书所阐述的相关理论分析、解析求解的研究和相应结论具有较高的实际指导意义。本书内容主要是作者在此领域研究成果的总结，同时希望本书的出版能推动对延伸或收缩壁面的传输问题研究不断地深入。限于作者水平，疏漏与不足之处在所难免，恳请读者批评指正，提出宝贵意见。

本书的出版得到了华北电力大学的大力支持，作者对相关人员表示衷心感谢。本书的写作及出版还得到了华北电力大学中央高校基本科研业务费专项资金（No. 2014MS171）的资助，作者对此深表谢意。

苏晓红

2016 年 3 月 22 日

于华北电力大学

目 录

第1章 概 述 ·· 1

1.1 流体力学及边界层理论 ·· 1
1.1.1 流体流动的特性及其数学表征 ······························· 1
1.1.2 边界层理论 ·· 3

1.2 磁流体动力学 ·· 4
1.2.1 磁流体动力学的基本方程 ····································· 5
1.2.2 磁流体动力学边界层问题 ····································· 6

1.3 DTM – Padé 和 DTM – BF 解析分析方法 ································· 7
1.3.1 微分变换法（DTM） ··· 7
1.3.2 DTM – Padé 和 DTM – BF 基本思想 ··························· 9
1.3.3 DTM 的定义和运算公式 ······································ 11

1.4 其他几种非线性解析方法 ·· 12
1.4.1 Adomian 解析方法 ··· 12
1.4.2 摄动方法 ·· 13

1.5 延伸或收缩壁面上边界层简介 ··· 14

1.6 本书的主要研究内容 ··· 23

第2章 纵掠非稳态水平延伸或收缩壁面 MHD 边界层 ······················· 26

2.1 纵掠非稳态水平延伸壁面 MHD 动量和热边界层 ··························· 27
2.1.1 数学模型 ·· 27
2.1.2 速度函数的凹凸、单调和极值等定性性质 ······················· 30
2.1.3 DTM – BF 求解析解 ·· 33

  2.1.4 结果分析 …………………………………………… 36
 2.2 具有滑移边界的非稳态水平收缩壁面上的 MHD 边界层问题 …… 42
  2.2.1 数学模型 …………………………………………… 42
  2.2.2 DTM‑BF 求解析解 ………………………………… 43
  2.2.3 结果分析 …………………………………………… 46
 2.3 小　结 …………………………………………………… 55

第 3 章　纵掠非稳态垂直延伸壁面的 MHD 动量和热边界层 …… 57
 3.1 数学模型 ………………………………………………… 57
 3.2 DTM‑BF 求解析解 ……………………………………… 59
 3.3 结果分析 ………………………………………………… 63
 3.4 小　结 …………………………………………………… 70

第 4 章　霍尔效应条件下非稳态水平延伸壁面上的
   MHD 动量和热边界层 ………………………………… 72
 4.1 数学模型 ………………………………………………… 73
 4.2 问题的求解 ……………………………………………… 75
 4.3 结果分析 ………………………………………………… 76
 4.4 小　结 …………………………………………………… 80

第 5 章　纵掠延伸楔形壁面的 MHD 动量和热边界层 …………… 82
 5.1 带速度滑移边界的楔形延伸面上的 MHD 边界层流动 …… 83
  5.1.1 数学模型 …………………………………………… 83
  5.1.2 DTM‑BF 求解析解和数值解 ……………………… 85
  5.1.3 结果分析 …………………………………………… 87
 5.2 延伸楔形壁面上 MHD 混合对流流动 ………………… 92
  5.2.1 数学模型 …………………………………………… 92
  5.2.2 DTM‑BF 求解析解和数值解 ……………………… 94
  5.2.3 结果分析 …………………………………………… 98
 5.3 纳米流体在延伸楔形壁面上 MHD 混合对流 ………… 104
  5.3.1 数学模型 …………………………………………… 104

5.3.2　问题的求解 …………………………………………… 107
　　5.3.3　结果分析 ……………………………………………… 108
5.4　小　结 ……………………………………………………………… 113

第6章　霍尔效应条件下延伸楔形壁面的 MHD 动量和热边界层 ……… 115
6.1　数学模型 …………………………………………………………… 115
6.2　问题的求解 ………………………………………………………… 117
6.3　结果分析 …………………………………………………………… 118
6.4　小　结 ……………………………………………………………… 126

第7章　主要结论 ………………………………………………………… 127

缩写和符号 …………………………………………………………………… 129

参考文献 ……………………………………………………………………… 130

后　记 ………………………………………………………………………… 147

第1章 概　述

1.1　流体力学及边界层理论

1.1.1　流体流动的特性及其数学表征

流体力学是应用十分广泛的学科，一直是科学研究的前沿领域之一。在研究流体的宏观运动行为时，通常将流体近似假设为连续介质，在宏观角度流体所占有的空间可以近似看成是由流体质点连续充满的，其中流体质点是指微观上充分大，包括很多微观粒子，而宏观上又充分小的粒子团。流体的宏观性质主要表现为易流动性、黏滞性和压缩性。易流动性是流体区别于固体的特性，这是因为如果要改变固体的形状必须对其施加一定程度的力，而流体无论施加多小的切向应力，只要持续地施加，均能使流体发生变形，即流体在静止时只能存在法向的应力而没有受到切向的应力。流体在快速变形时也表现出抗力，即流体流层之间存在相对运动时，能够产生一种抵抗这种相对运动的力，称之为黏性应力或者内摩擦力[1]。流体所具有的这种抵抗两层流体间相对滑动的性质称为黏滞性，黏滞性的大小取决于流体的性质。对于黏性力不能被忽略的流体称为黏性流体，否则称为无黏性流体。在流体运动过程中，流体质点的体积或密度在受到压力或温度等因素变化时可以发生相应改变的性质称为压缩性。实际流体都是可以压缩的，但就液体而言，其压缩性很小，一般可看成是不可压缩的。如果忽略流体的黏滞性和可压缩性，称这样的流体为理想流体。

流体的运输是指流体的一种传递过程。流体运输过程中有动量、热量和质量等的传递，这是流体的特性。流体的运输过程就其驱动力而言通常为流体有关特性参数的梯度，譬如流体动量传递、热量传递和质量传递的驱动力分别是速度梯度、温度梯度和浓度梯度。

描述流体运动的思想主要有两种：拉格朗日方法和欧拉方法。其中，拉格朗日方法着眼于流体质点，通过描述出每个质点的运动规律来确定整个流体运动的规律。与之不同，欧拉方法的着眼点不是流体质点而是空间点，通过描述流体在空间每一个点上随时间变化的运动规律来确定整个流体的运动状况。根据相关物理守恒定律，描述流体运动的基本控制方程[1-3]为连续方程、动量守恒和能量守恒等方程。

(1) 质量守恒方程

$$\frac{D\rho}{Dt} + \rho \mathrm{div}\vec{v} = 0 \quad (1-1)$$

(2) 动量守恒方程

$$\rho\frac{D\vec{V}}{Dt} = \rho\vec{F}_b + \mathrm{div}\vec{P} \quad (1-2)$$

其中 $\rho\vec{F}_b$ 为单位体积流体所受到的质量力，$\vec{P}$ 为作用于单位体积流体上的表面力。

(3) 能量守恒方程（设流体为不可压缩流体）

$$\rho\frac{De}{Dt} = \mathrm{div}(k \cdot \mathrm{grad}\ T) + \Phi + \cdots \quad (1-3)$$

这里 Φ 表示黏性应力做功过程中的能量耗散，方程中的省略号表示具体问题中可能存在的其他能量传递。

以上流体流动的控制方程通常并不封闭，也就是方程中未知数个数多于控制方程数。因此，为了进行理论研究，需要对控制方程求解，这样就要根据情况再提出一些符合或接近实际的假设，其中比较重要的是描述流体应力和应变率之间关系的本构方程。根据流体的本构方程可对流体进行分类，其中一类是牛顿流体，另一类为非牛顿流体[2-6]。对牛顿流体模型，其本构方程为 $\vec{P} = 2\mu\vec{S} - p\vec{I}$，$\vec{S}$ 为应变率张量，$\vec{P}$ 为应力张量；可以看出牛顿流体的应力张量和应变率张量两者之间满足的是线性关系，将不满足此关系的流体称为非牛顿流体。

1.1.2 边界层理论

实际流体和理想流体的一个本质区别就是前者具有黏性。对流体流动，根据其本构方程，黏性力的大小与速度梯度有关，为速度梯度的增函数。考虑了流体黏性的流场称为黏性流场；将黏性力影响忽略的流场称为非黏性流场。对于非黏性流场，可以将其按理想流体的流动来分析，在这种情况下 N-S 方程可以简化为欧拉方程，从而使得问题的求解得到很大程度上的简化。

描述流体流动黏性力相对大小的物理参数称为雷诺数，$Re = \dfrac{惯性力}{黏性力} = \dfrac{Vl}{v}$，从雷诺数的定义可以看出雷诺数小意味着黏性力占主要地位，雷诺数大则惯性力占主要地位。当黏度较小的空气、蒸汽、水等流体与其他物体作高速相对运动时，一般雷诺数很大，即惯性力 >> 黏性力，这时可略去黏性力；但当雷诺数较大时，对于流体绕流固体表面，此时黏性力与惯性力在靠近固面附近的一薄层区域是同一数量级[7]。如图 1-1 所示，在毗邻固体表面的这一薄层内黏性的作用不能忽略而必须加以考虑；而在这一薄层外部可以忽略黏性的影响，按理想流体来进行分析，这一毗邻固面的薄层即为速度边界层。这样在进行流动分

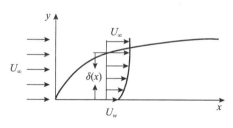

图 1-1 流体流过水平延伸壁面时的速度边界层

析时，需要将流动分为两个区域进行研究，这样处理的好处是可以使得复杂且较难求解的 N-S 方程在相应的流动区域内得到简化，有利于对流体传输行为的研究，同时又使得理论研究与流动实际相符，这就是边界层理论的主要思想。边界层的概念于 1904 年由普朗特提出，边界层思想的提出改变了以往流体力学只按理想流体进行分析研究，却常常不能得到与实际结

果相符的缺陷。建立在这一近似基础之上，发展起来的边界层理论及其应用在工程实践中取得了巨大的成功，也成为近代流体力学理论的基石之一。根据边界层理论，边界层厚度 δ 的定义为在边界上的速度满足 $u=0.99U_\infty$，特别是对层流边界层，由量纲分析可以得出与流体流向法向方向的压力变化可以忽略，这样边界层内与流向法向方向上的流体压力可近似为边界层外理想流体压力一样。因此，可以根据描述理想流体流动的拉格朗日方程（其中 φ 为速度势函数，即 $\vec{V}=\nabla\varphi$）得到控制方程中的压力项，这样采用边界层理论在求解动量守恒方程组时，可以只考虑速度项，使问题求解过程得到极大的简化。

$$\frac{\partial \varphi}{\partial t}+\frac{V^2}{2}+\frac{p}{\rho}=f(t) \qquad (1-4)$$

在普朗特速度边界层思想的推动下，研究流体流过壁面的温度和浓度分布时也相应地提出了热边界层、浓度边界层等概念，其基本思想与速度边界层类似。热边界层即当流体流过壁面时，在固面附近因加热或冷却而形成的具有温度梯度的一个薄层区域，在这一薄层区域内因为温度梯度较大，因此必须考虑对流传热热阻；而在此区域外，温度梯度和热阻的影响可以忽略，从而流体的对流传热可以只在温度边界层内加以考虑，便于对流体热量传输问题的求解和研究。浓度边界层是因浓度差而发生质量传递时，在固体表面附近会形成具有浓度梯度的薄层。在这一薄层区域内有较大的浓度梯度，对流传质过程的阻力不能忽略；而在此浓度边界层外，可以忽略浓度梯度，可以不考虑传质阻力的作用。

1.2 磁流体动力学

研究导电流体（等离子体、液态金属或电解液等）在磁场作用下的运动规律的学科称为磁流体动力学（MHD）[8]。导电流体在外加磁场的作用下，当速度方向与磁场方向不一致时，将会导致流体内部产生两个基本效应：一是电流与磁场相互作用将会对流体产生一个作用在其上的体力即洛伦兹力，进而影响流体流动、壁面和流体之间的传热以及其他的性能；二是导电流体的感应电流将产生感应磁场，其又对原来的外加磁场产生扰动，这样就涉及两个磁场之间的耦合问题。MHD效应在自然界里经常发生并被加以广泛地应用，譬如在太阳内部、地球内部和电离层中、恒星及其大气层中都存在着MHD效应；在热核聚变反应堆中的高温等离子体以及液态包层中的液态金属或熔盐，冶金工业钢水的铸造过程，推进器和磁流体发电装置，化学工业中的电解液等许多科研和相关工业发展领域也都存在MHD问题，科学技术的不断进步也持续地推动着对导电流体在电磁场作用下的速度场、能量场和温度场等相关传递行为的研究。导电流体在磁场作用下的传输行为研究需要借助于经典流体力学、传热学、电磁学和电动力学等学科知识。

1.2.1 磁流体动力学的基本方程

研究导电流体在磁场作用下的传输行为，需要建立导电流体传输行为的基本控制方程组，对不可压缩的导电流体（即 $d\rho/dt = 0$）其控制方程如下[8]。

（1）连续方程

$$\nabla \cdot \vec{V} = 0 \tag{1-5}$$

（2）动量守恒方程

$$\rho \frac{D\vec{V}}{Dt} = -\nabla p + \mu_f \nabla^2 \vec{V} + \vec{J} \times \vec{B} \tag{1-6}$$

（3）能量守恒方程

$$\rho \frac{D\varepsilon_f}{Dt} = -p \nabla \cdot \vec{V} + \Phi + k \nabla^2 T + \frac{J^2}{\sigma} + \cdots \tag{1-7}$$

这里 Φ 表示能量耗散，J^2/σ 为欧姆损耗，J 为感应电流，σ 是电导率；方程中的省略号表示具体问题中可能的其他能量传递，如辐射、热源、化学反应热等。

（4）磁扩散方程

$$\frac{\partial \vec{B}}{\partial t} = \eta_B \nabla^2 \vec{B} + \nabla \times (\vec{V} \times \vec{B}) \tag{1-8}$$

上式右边 $\eta_B \nabla^2 \vec{B}$ 为扩散项，表示扩散引起的磁感应强度变化，$\nabla \times (\vec{V} \times \vec{B})$ 称为对流项，表示流通介质流动引起的磁感应强度的变化；$\eta_B = \dfrac{1}{\mu_0 \sigma}$ 称为磁扩散系数，μ_0 为磁导率。磁扩散方程是由电磁学的描述欧姆定律、法拉第定律和安培定律的麦克斯韦方程得出的。

$$\begin{cases} \vec{J} = \sigma \ (\vec{E} + \vec{V} \times \vec{B}) \\ \nabla \times \vec{E} = -\dfrac{\partial \vec{B}}{\partial t} \\ \nabla \times \vec{B} = \mu_0 \vec{J} \end{cases} \quad (1-9)$$

磁场的变化受到扩散与对流两方面的共同作用，当速度场 $\vec{V}=0$ 时，描述磁场的纯扩散；当介质是完全导体，即 $\eta_0 = 0$ 时，描述磁场的对流。

（5）无源场方程

$$\nabla \cdot \vec{B} = 0 \quad (1-10)$$

一般来说，对于导电流体在磁场作用下传输行为，其控制方程的非线性和实际物理情况的复杂性使得对磁流体动力学流动进行的相关数学分析具有相当的难度，通常根据物理实际情况进行简化，从数学上，利用合适的近似方法、数值法求解或其他非线性分析理论进行研究。

1.2.2 磁流体动力学边界层问题

导电流体在磁场作用下运动时，当磁雷诺数 $Re_m = \dfrac{V_0 L}{\eta} = V_0 L \sigma \mu \sim$ $\left| \dfrac{\nabla \times \vec{V} \times \vec{B}}{\eta \nabla^2 \vec{B}} \right| \gg 1$，此时磁对流项远大于磁扩散项，磁扩散效应只在毗邻壁面附近一薄层可与对流项相抗衡，将导致产生磁边界层。磁边界层、速度边界层和温度边界层之间物理机制不同，两者不存在相互依存的关系。其中，磁边界层是电磁学现象的表现，而黏性边界层则是流体力学动力学现象。在磁场作用下导电流体流动时，磁力 $F_e = \vec{J} \times \vec{B}$ 总是起着顺压增速的作用，

使得黏性边界层变薄,随着磁场强度的增加,边界层的厚度变得越小。如果无外加电场作用和 $Re_m \ll 1$ 时,这时诱导磁场将远小于外加磁场,因此作用在流体介质上的磁场可以近似为原外加磁场 $\vec{B}$,这样磁场就可以作为已知物理量,即对于动量、能量和传质边界层内的传输问题可以不考虑磁扩散方程和耦合考察介质内部的电磁场变化,既可以使问题得到简化,又便于对问题的理论分析,揭示问题的本质机理。如果外磁场强度较小,霍尔效应可以忽略,不考虑外电场,则有 $\vec{J} = \sigma(\vec{V} \times \vec{B})$,对于磁场方向垂直于速度场方向的情况,以二维不可压缩流体绕流平板为例,其层流的动量、能量方程为[8]

$$\frac{\partial u}{\partial x} + \frac{\partial v}{\partial y} = 0 \qquad (1-11)$$

$$\frac{\partial u}{\partial t} + u\frac{\partial u}{\partial x} + v\frac{\partial u}{\partial y} = -\frac{1}{\rho}\frac{\partial p}{\partial x} + \nu\frac{\partial^2 u}{\partial y^2} - \frac{\sigma B^2}{\rho}u \qquad (1-12)$$

$$\rho c_p \left(\frac{\partial T}{\partial t} + u\frac{\partial T}{\partial x} + v\frac{\partial T}{\partial y} \right) = -u\frac{\mathrm{d}p}{\mathrm{d}x} + \alpha\frac{\partial^2 T}{\partial y^2} + \mu\left(\frac{\partial u}{\partial y}\right)^2 + \sigma B^2 u^2 + \cdots \qquad (1-13)$$

根据流体流动的边界层理论,在边界层中可以近似认为穿过边界层压力保持为常数,压力项可由理想流体的拉格朗日方程近似得出:

$$\frac{\partial p}{\partial x} = -\left(\rho u_\infty \frac{\mathrm{d}u_\infty}{\mathrm{d}x} + \sigma B^2 u_\infty + \rho \frac{\mathrm{d}u_\infty}{\mathrm{d}t} \right) \qquad (1-14)$$

另一方面,当外磁场强度较大或导电流体(如电离气体等)密度较小以及对于某些特定的实际应用,需要考虑霍尔效应的作用,此时需要应用到广义的欧姆定律来确定感应电流,进而得到导电流体受到的洛伦兹力的数学表达。

1.3 DTM–Padé 和 DTM–BF 解析分析方法

1.3.1 微分变换法(DTM)

在数学中,所谓变换是指将一个(一组)变量或函数经过某对应法则变成另一个（一组）变量或函数，比如数学常用的积分变换——拉普拉斯或傅里叶积分变换等。采用变换可以将微分方程变为较简单的代数方程，可以将线性微分方程中的原函数变成相应的变换式进行代数运算。

微分变换法（DTM）由赵家奎[9]最先提出，它来源于函数的泰勒展开，其根本的思想是避开直接求未知函数的高阶导数值，通过对微分方程实施微分变换得到相邻阶的高阶导数值之间的代数关系，再从初值出发通过代数递推得到各阶导数的值。对于常微分方程或偏微分方程的初值问题能够建立一个迭代程序得到多项式形式的解析解。与传统的高阶泰勒级数方法不同，微分变换法不需要进行求导数或偏导数的符号计算。它的主要优势在于不仅比传统的泰勒级数法计算量小，而且不需要其他近似解析方法的线性化，数值方法的离散也不用借助于摄动，就能够直接应用于物理或数学中的非线性微分方程。

微分变换法提出以来，许多常用函数运算的微分变换公式被不断推导出来（见表 1-1 和表 1-2），近年来其应用价值逐渐受到了学者们的重视，应用范围也越来越广。Chen 和 Ho[10]将其应用到偏微分方程，Ayaz[11]将微分变换法应用于求解微分方程组；Arikoglu 和 Özkol[12]以及 Odibat[13]等将其推广到求解分数维方程，Abazari 和 Borhanifar[14]推导出了常用的多元函数运算的微分变换公式，并将其应用于求解一维和二维 Burgers 流体初值问题，Chen[15]将微分变换法应用于求解本征值问题。DTM 还被应用到其他一些非线性问题，也取得了很好的结果[16-21]。

表 1-1　一元函数 $w(t)$ 的微分变换的基本运算法则

原函数	微分变换
$w(t) = \alpha w_1(t) + \beta w_2(t)$	$W(K) = \alpha W_1(k) + \beta W_2(k)$，$\alpha$ 和 β 为任意常数
$w(t) = w_1^{(n)}(t)$	$W(k) = (k+1)(k+2)\cdots(k+n)W_1(k+n)$
$w(t) = w_1(t) w_2(t)$	$W(k) = \sum_{i=0}^{k} W_1(i) W_2(k-i)$
$w(t) = (t-t_0)^m$	$W(k) = \delta(k-m) = \begin{cases} 1, & k=m \\ 0, & k \neq m \end{cases}$

表1-2 二元函数 $w(x,t)$ 的微分变换的基本运算法则

原函数	微分变换
$w(x,t)=\alpha w_1(x,t)+\beta w_2(x,t)$	$W(k)=\alpha W_1(k,h)+\beta W_2(k,h)$，$\alpha$ 和 β 为常数
$w(x,t)=\dfrac{\partial^n w_1(x,t)}{\partial x^n}$	$W(k,h)=(k+1)(k+2)\cdots(k+n)W_1(k+n,h)$
$w(x,t)=\dfrac{\partial^m w_1(x,t)}{\partial t^m}$	$W(k,h)=(h+1)(h+2)\cdots(h+m)W_1(k,h+m)$
$w(x,t)=\dfrac{\partial^{i+j} w_1(x,t)}{\partial x^i \partial t^j}$	$W(k,h)=(k+1)\cdots(k+i)(h+1)\cdots(h+j)W_1(k+i,h+j)$
$w(x,t)=w_1(x,t)w_2(x,t)$	$W(k,h)=\sum_{j=0}^{k}\sum_{i=0}^{h}W_1(j,h-i)W_2(k-j,i)$
$w(x,t)=\dfrac{\partial w_1(x,t)}{\partial x}\dfrac{\partial w_2(x,t)}{\partial x}$	$W(k,h)=\sum_{j=0}^{k}\sum_{i=0}^{h}(j+1)(k-j+1)W_1(j+1,h-i)W_2(k-j+1,i)$

1.3.2 DTM-Padé 和 DTM-BF 基本思想

DTM方法虽然成功求解了一些非线性问题，甚至得到了某些问题的精确解析解，但是对于较复杂的非线性的问题由微分变换法得到的结果通常只在问题的一个小的子区域内有效，在更大的区域内一般得不到正确的结果[22]，这是因为其所得级数解的收敛半径不能包含问题求解区域。因此，对于流体流动和传热问题中常出现的边值问题，需要改进传统的微分变换法，或者将微分变换法与其他加速收敛的近似方法相结合。对有界区域的边值问题，Jang[23]等提出了对有界区域的分段或分片，在各个子区域分别利用微分变换法进行求解的子区域微分变换法，这个方法能求解部分非线性边值问题，其所得到的解在节点处不完全光滑，对于无界区域上的非线性边值问题子区域微分变换法也遇到了困难，而且求解过程繁琐，为了克服这个缺陷，最近Rashidi[24]提出了求解无穷区域上非线性微分方程的一种新方法，称为DTM-Padé方法，但此方法也具有很大的局限性，Su[25]基于微分变换的原创性提出了一种DTM-BF方法，这两种方法的基本思想和特点如下。

(1) DTM – Padé 的基本思想

DTM – Padé 处理对于无界区域上的非线性边值问题是先通过引入初始参数得到与边值问题相应的初值问题，利用 DTM 方法初值问题幂级数形式的解析解，对无穷远处的边界条件利用 Padé 近似建立代数方程来确定初值问题中引入的待定参数[26]，最后得到多项式有理式形式的 Padé 近似解，DTM – Padé 方法已被成功地应用于一些无穷区域内微分方程近似解析解的求解[24,27]。

(2) DTM – BF 的基本思想[25]

DTM – Padé 方法的特点是对某些特定问题可以得到具有较高精确度的结果，但是对于一些较复杂的非线性方程在确定引入的待定参数值时往往比较困难，为了提高精度一般要采用高阶的 Padé 近似，这样得到的关于待定的参数值的代数方程基本上都具有多个解，所以为了确定正确的参数值，一般要实施连续阶的 Padé 近似，然后根据连续阶 Padé 近似构成的解序列的收敛趋势来判断出正确的待定参数值。在这个过程中，根据方程复杂性的不同，正确判断出参数值的难度有时会相差比较大，有时甚至根本无法判断，只能确定参数值的大概范围，只有当要求解问题的参数值比较好判断时，才能够得到具有较高精确度的结果。

为了克服在 DTM – Padé 应用中的困难，本书作者提出一类新颖的方法即微分变换基函数方法（DTM – BF），该方法可以求解比较复杂的甚至耦合的非线性边值问题；利用较少的项就能得到较高的计算精度，并且稳定性好；对引入的初始参数值解的个数较少甚至很多情况下得到的都是唯一解，容易判断正确的参数值，也不用实施连续不同阶基函数近似。DTM – BF 也可以作为 DTM – Padé 方法对较复杂的非线性边值问题确定引入的参数值判断的依据，其基本思想是先利用 DTM 方法求解与边值问题相应的初值问题的幂级数解，再根据问题的特点选择合适的基函数系的线性结合表示边值问题的解，最后将初值的幂级数解和边值问题的基函数形式的解进行比对得到所求问题的解析解，具体求解思想如下：

1）引入待定初始参数，建立与边值问题相应的初值问题，利用 DTM

计算此初值问题的幂级数形式解。对于待定的参数值，在初值问题幂级数形式解的初始点附近的某个邻近区域，泰勒级数一定收敛，在此区域内泰勒级数能够提供初值问题的精确值。

2）根据边值问题的方程和边界条件或结合问题的物理特点，选择合适的基函数系的线性组合构成的级数形式来近似表达边值问题的解。

3）将基函数组合形成的级数进行泰勒展开，并整理成幂级数形式，再与相应初值问题的幂级数解相同幂次的系数进行匹配，建立代数方程确定待定的初始参数值和基函数组成的级数的系数，得到用基函数级数形式表示的问题的近似解。

1.3.3 DTM 的定义和运算公式

（1）一元函数的微分变换[9,17,18,20]

设函数 $w(t)$ 对变量 t 的 k 阶导数存在，定义函数 $w(t)$ 的微分变换为

$$W(k) = M(k) \left[\frac{d^k q(t) \, w(t)}{dt^k} \right]_{t=t_0}, \quad k = 0, 1, 2, 3, \cdots \quad (1-15)$$

这里 $w(t)$ 和 $W(k)$ 分别称为原函数和微分变换函数。函数 $W(k)$ 的逆函数定义为

$$w(t) = \frac{1}{q(t)} \sum_{k=0}^{\infty} \frac{W(k)}{M(k) k!} (t - t_0)^k \quad (1-16)$$

其中，$M(k) \neq 0$，表示自变量为整数的已知函数按比例的变换情况；$q(t) \neq 0$，表示已知函数变换的核。若核 $q(t) = 1$，则比例函数 $M(k) = H^k$ 或 $M(k) = H^k/k!$（H 称为比例常数）。当 $M(k) = H^k/k!$ 时，变换的变换式的乘积运算比较简单，因此比例函数一般采用这种形式，在后面的讨论中均采用这种定义。

（2）多元函数的微分变换[9,10,13]

设函数 $w(x,t)$ 具有连续的偏导数，定义函数 $w(x,t)$ 的微分变换为

$$W(k, h) = M(k) N(h) \left[\frac{\partial^{k+h} q(t) \, p(x) \, w(x, t)}{\partial x^h \partial t^k} \right]_{x=x_0, t=t_0},$$

$$k = 0, 1, 2, 3, \cdots \quad (1-17)$$

这里 $w(t,x)$ 和 $W(k,h)$ 分别称为原函数和微分变换函数。函数 $W(k,h)$ 的逆函数定义为

$$w(t,x) = \frac{1}{q(t)p(x)} \sum_{h=0}^{\infty} \sum_{k=0}^{\infty} \frac{W(k,h)}{M(k)N(h)h!k!} (t-t_0)^k (x-x_0)^h$$

(1-18)

类似一元函数的情况,其中 $M(k) \neq 0$, $N(h) \neq 0$ 表示自变量为整数的已知函数按比例的变换情况;$q(t) \neq 0$, $p(x) \neq 0$ 表示已知函数变换的核。若核 $q(t)=1$, $p(x)=1$,则比例函数 $M(k)=H_1^k$, $N(h)=H_2^h$ 或 $M(k)=H_1^k/k!$, $N(h)=H_2^h/h!$ [$H_i(i=1,2)$ 称为比例常数]。当 $M(k)=H_1^k/k!$, $N(h)=H_2^h/h!$ 时,变换的变换式的乘积运算比较简单,此时如果取 $q(t)=p(x)=1$,二元函数 $w(t,x)$ 的 DTM 变换为

$$W(k,h) = \frac{1}{k!h!} \left[\frac{\partial^{k+h} w(x,t)}{\partial x^h \partial t^k} \right]_{x=x_0, t=t_0}, \quad k=0,1,2,3,\cdots$$

(1-19)

微分变换函数 $W(k,h)$ 的逆变换为

$$w(t,x) = \sum_{h=0}^{\infty} \sum_{k=0}^{\infty} W(k,h)(t-t_0)^k (x-x_0)^h \quad (1-20)$$

进一步,可以类似地定义其他三元及以上的多元函数的 DTM 变换。

(3) 微分变换公式

根据微分变换法的定义,可以推出具有连续导数或偏导数的微分变换的运算公式,如表 1-1 和表 1-2 所示。

1.4 其他几种非线性解析方法

1.4.1 Adomian 解析方法

Adomian[28,29] 解析拆分法是由 Adomian 提出来的一个求线性、非线性数学物理问题近似解析解的数学方法,又称为逆算符法。其特点是适用范围较广泛,计算过程比较简单,收敛速度快,不需要其他近似条件,对处理

强非线性问题既不需要借助线性、摄动、迭代或简化模型方程等途径,也不需要借助于数值解结果[30-33]。Adomian 解析方法其主要特点是:先把一个真解分解为若干个解分量之和,再设法分别求出各阶解分量,然后让这些解分量的和以所需的精度进行逼近。求解中需要将方程算子按照算符分解为线性、非线性、确定及随机性各部分,理论上可以进行任意地分解,但为了减少计算量要讲究分解的技巧,譬如一般所选的确定项线性算符是可逆的,从而可以便于求出该线性算符相对应方程的部分解,然后根据已知初值或边值条件,从中设法找出方程中的其余部分解分量与部分解分量之间的关系,最主要的是使其中高阶解分量一般只取决于低阶解分量,以便于可以由低阶解分量按一定规则快速推出其他任意高阶解分量。最后,对非线性方程中最难处理的非线性项提出一个与之等价的多项式,用这个可以迭代求出的多项式代替方程中的非线性函数,此多项式称为 Adomian 多项式,该多项式只由前面低阶的解分量及方程的非线性函数来共同确定。Adomian 方法只需利用初值条件就可以求出解析解,相比拉普拉斯变换法、傅里叶变换法、迭代法和分解法等传统的方法有较大的优势,很多情况下 Adomian 法能提供精确值较高的解析结果。

对于较大区域或无界区域上的边值问题,Adomian 分解法也常常遇到需要克服的困难,比如其收敛区域较小等问题,一般需要与其他加速收敛的方法比如 Padé 近似相结合使用。

1.4.2 摄动方法

实际问题中归纳、提出来的数学模型往往比较复杂且是非线性或奇异的,很难用通常的数学方法得到解析解,于是常常采用各种近似解法和数值解法。摄动方法[34-37]就是经常被采用的而且是行之有效的方法,它是基于按小参数进行泰勒展开的一种非线性渐近分析方法,利用此方法可以对微分方程的解的全局性行为进行系统的分析,其优点是能够正确地给出解的解析结构,从而可以用来进行数学物理问题定性的和近似定量的讨论。这种优点是数值解所不完全具备的。摄动方法要依赖于小参数或大参数,问题的解将被表示成渐近级数形式，这个渐近级数的前几项（一般前一二项）就能揭示解的重要性质，而以后的步骤只是针对其进行很小的修正，摄动理论的优点使得其受到学术界的重视，逐步形成了较完整的理论。

总体而言，摄动理论是研究解含小参数或大参数问题的近似解的理论，它包括正则摄动和奇异摄动，其渐近展开式的前几项就能够在一定的精确度范围内代替原来的解，虽然一般所得到的不是问题的精确解，因为实际问题的数学模型一般都是对其数学上的近似描述，因此只要能在一定的精确度范围内就能满足实际的需要，另外它避免了纯数值方法的缺点，具备了解析解的特征，所以它的应用越来越广泛，已经应用于很多不同的学科领域，成为求解非线性数学物理问题的很有效的解析方法之一。当然它的缺点也很明显，就是其对于小参数或大参数的依赖性。

1.5　延伸或收缩壁面上边界层简介

延伸或收缩壁面上的边界层问题的研究在工业领域中有着广泛的应用，对其传递行为的研究一直受到学者们的持续关注，而其中特别是导电流体绕流平板和楔形物是工业中常见的现象，在磁场作用下动量、能量、质量传递行为研究包括了导电流体和电磁场的交互影响，它在核能、化学、冶金、航天工业中应用较广，因此对延伸或收缩壁面上 MHD 边界层传递问题的研究具有特别的理论和实际意义。近几十年，特别是最近十年来，对延伸或收缩壁面上的边界层传递行为，学者们从不同角度进行着研究，相关的研究成果不断涌现，为此，本书对这方面主要的进展及文献进行了梳理，总结如下。

(1) 稳态的水平延伸壁面边界层流动和热传输

Sakiadis[38,39]最早研究了在静止牛顿流体中以定常速度延伸的水平壁面上稳态边界层流动，并分析了边界层内的动量传递行为。Howell 等[40]利用数值计算和近似方法推导出了二维运动平板边界层问题的近似解。郑连存[41-46]等对幂律流体中考虑有抽吸和喷注条件影响的顺来流或逆来流方向运动平板边界层问题进行了深入、系统的研究,分析和探讨边界层内流动结构,以及速度比参数、抽吸喷注参数和幂律指数等对于边界层内流动和传热的影响,从数学理论上推导了解的唯一性或非唯一性条件,并用数值方法得到了逆流平板运动边界层的多解。Xu 和 Liao[47]利用同伦分析法得到了在不同速度比参数下稳态无抽吸喷注的逆流平板边界层的双解。Vajravelu 等[48]研究了存在热源情况下稳态的垂直延伸平板自由对流边界层的动量和能量传输行为,将问题转化为耦合的非线性微分方程边值问题,给出了数值解,并对壁面速度梯度和温度梯度的特点进行了讨论。Seddeek[49]研究了黏度系数随温度变化的不可压缩体导电流体磁场作用下流过连续延伸的渗透平板的传热问题,考虑了热辐射对温度场的影响,并给出了数值解,分析了黏度、辐射、磁场强度和抽吸喷注参数对速度场和温度场的影响。Sarma[50]研究了不可压缩黏弹性流体流过半无限大延伸平板的稳定层流的传热情况,初始温度分布是幂律形式,并考虑了黏性耗散和内部热源的影响,得到了壁摩擦系数及传热特性。Abel 等[51]用数值方法研究了具有变导热系数和非均匀热源的幂律流体的动量和温度边界层问题。Grubka 和 Bobba[52]、Jeng 等[53]、Ali[54,55]、Magyari 和 Keller[56]、Magyari 等[57]、Vajravelu[58]、Liao[59]、Sparrow 和 Abraham[60]、Vajravelu 和 Cannon[61]以及 Andersson 和 Aarseth[62]利用数值方法或同伦分析方法研究了在不同定常特征速度或壁面温度分布条件下延伸表面边界层的稳态流动传热问题。

(2)稳态的 MHD 边界层流动和热传输

近年来,磁流体动力学对许多工业过程有着越来越重要的作用。例如冶金工程中的拉拔、退火和镀锡等均涉及流体中连续表面的延伸问题,利用磁场可以控制这些过程中冷却的效率,提高产品的质量。此外,磁场还能应用于去除非金属物,从而提高金属的纯度。目前,许多学者对稳态延伸壁面上的 MHD 边界层问题,从其控制方程上分别利用数值方法进行求解,理论上从壁面均匀或非均匀延伸、抽吸和喷注、热源和热汇、化学反应、可变的黏度系数、非均匀的主流速度和驻点流等角度进行了分析[63-74]。Su 和 Zheng[75]利用 DTM-Padé 解析求解方法研究了磁流体 Falkner-skan 流动问题，得到了壁面抽吸喷注条件下的近似解析解，发现解析解结果和数值解结果非常接近。

(3) 连续收缩壁面上边界层流动和热传输

收缩壁面上的边界层流动在材料加工工业中应用较广，例如传输带拖曳流体流动等；同时在数学上，由于收缩壁面上的边界层流动问题常常会出现解的分叉、奇异等特殊现象，给求解和相关的研究增加了困难，对于其定性分析以及多解的确定和物理解释、解析分析等很多方面还有待研究。Yao 和 Chen[76]利用同伦分析法分析了在壁面抽吸影响下在静止流体中以常数特征速度 $-U_0$ 收缩的壁面边界层流动，即带收缩壁面条件的 Blasius 方程问题的解的特点。郑连存[4]对运动的幂律流体中的壁面以常数特征速度 $-U_0$ 逆来流运动条件下的 Blasius 方程进行了定性分析，得到了解的存在性、非唯一性等性质，并用数值方法得到了分歧解。Miklavcic 和 Wang[77]研究了静止流体中抽吸条件下的以特征速度 $-U_0 x$ 收缩的壁面边界层流动，得到了问题的精确解析解，并发现存在边界层流动的必要条件是抽吸的存在，当无抽吸时，收缩壁面涡流不再限制在边界层内，不再存在边界层流动，除非在壁面上施加足够大的抽吸。Fang 和 Zhang[78]讨论了磁场和抽吸喷注共同作用下静止流体中以特征速度 $-U_0 x$ 收缩的壁面边界层流动，发现随着磁场参数的增加，在无壁面抽吸甚至喷注存在的情况下，仍然存在边界层流动，并出现了双解的情况。Fang[79]分别讨论了在静止流体中以幂律速度 $-U_0 x^m$ 收缩壁面条件下的边界层流动，得到了几种特殊速度指数条件下的解析解，并对一些幂指数用数值方法求出了问题的多解。Javed 等[80]对上述流动在磁场作用下的流动和传热问题进行了进一步的研究。Bachok 等[81]用数值方法研究了收缩壁面上稳态的驻点流和熔化换热，用数值方法求出了问题的双解。Bhattacharyy 和 Layek[82]用数值方法分别研究了考虑辐射影响的收缩壁面上稳态的驻点流传热，也发现随着速度比例参数变化问题分别出现无解、双解和唯一解的情况。Bhattacharyy 等[83]接着用数值方法考虑了壁面速度滑移对收缩壁面上稳态的驻点流传热的影响。

(4) 壁面速度滑移和温度跳跃

实验中发现在一些条件下流体流过固面时，可能会发生速度滑移和温度跳跃现象[84,94]，例如疏水性流体流过疏水性壁面上的流动[85,88,89]，微纳米尺度的流动和传热[93,94]，另外聚合物熔体也常常呈现宏观的壁面滑移[94]。Wang[95]研究了在静止流体中带有速度滑移的延伸壁面流动，得到解析解。Ariel[96]研究了静止流体中带速度滑移的延伸壁面上的轴对称流动。Wang[97]研究了建立了在静止流体中带有速度滑移和抽吸的延伸壁面上轴对称流动问题解的存在唯一性。还有一些学者用实验方法和数值方法研究了不同流体在带滑移的壁面上流动和传热的影响[97-105]。

(5) 非稳态延伸或收缩壁面上的 MHD 边界层流动和热传输

在本节 (1)~(4) 中，叙述的延伸或收缩壁面上的流动和传热问题均局限于稳态的延伸或收缩，对壁面是非稳态的延伸特别是非稳态的收缩的边界层流动和传热问题，目前相关的研究相对较少，已知的进展如下：

Ali 和 Magyari[106]研究了抽吸喷注条件下在静止流体中非稳态水平延伸壁面的传热问题，对问题的数学模型转化为半无穷区域的常微分方程组的边值问题，利用数值方法分析了速度场和温度场，以及抽吸喷注对传输行为的影响。Ziabakhsh 和 Ishak 等[107,108]对上述问题分别利用同伦分析法和 Keller-box 数值方法进行了解析求解和数值求解，得到的结果基本一致。Tsai[109]研究了非均匀热源分布下的非稳态水平延伸的非渗透壁面上的传热问题。Pal[110]和 El-Aziz[111]用不同的数值方法分别研究了辐射和热源与热汇对静止流体中非稳态水平延伸可渗透壁面上的动量和热量传递行为的影响。Zheng 等[112]利用同伦分析方法研究了非均匀热源和辐射的共同作用下对传热的影响。Mukhopadhyay[113]分析了黏性系数和热传导率系数随温度线性变化的条件下的非稳态传热问题，平板是可渗透的并在静止流体中连续移动，用数值方法进行求解并讨论了非稳态参数、导热系数和抽吸喷注等参数对动量和传热的影响。

对导电流体的磁流体动力学流动和传热边界层的研究，Kumaran 等[114]利用数值方法研究了壁面水平稳态延伸，但壁面的温度分布是非定常的

MHD 边界层流动和热传输问题，且局限于主流是静止，能量方程只考虑了热传导项情况下分析了磁场参数对流动和传热的影响。最近，Hua 和 Su[115]等讨论了非稳态延伸壁面上的 MHD 流动和传热问题，利用函数分析方法和数值方法分别讨论了磁场、黏性耗散和非均匀热源对流场和温度场的影响。

（6）垂直延伸壁面上的动量和能量边界层

在本节（1）~（5）中总结了水平延伸壁或收缩壁面上的边界层问题的研究进展，对于垂直延伸壁面上边界层流动和传热问题，一般需要考虑热浮力的作用，在不同条件影响下，其边界层传递行为的研究也取得了一些进展。关于垂直延伸壁面上的动量和能量边界层，Su[116]利用 DTM – BF 解析方法对垂直延伸壁面上带滑移和温度跳跃的磁流体力学边界层混合对流问题进行了研究，得到了速度和温度的近似解。Karwe 和 Jaluria[117,118]用数值方法分析了材料加工中连续运动表面上的混合对流现象。Patil 等[119]分析了运动流体中垂直延伸表面上的混合对流问题，Al – Sanea[120]讨论了在材料挤压过程中的垂直运动表面上抽吸和喷注对稳态层流流动和传热的影响。Ishak 等[121]研究了垂直延伸的壁面在其表面温度保持不变条件下，磁场对流动和传热的影响。Abel 等[122,123]分析了温度浮升力和存在非一致热源情况出现在幂律流体的垂直延伸表面边界层的流动和传热问题。

近年来，一些学者将垂直延伸壁面边界层问题由稳态延伸推广到非稳态延伸或由常壁温推广到变壁温的情况：Mukhopadhyay[124]利用数值方法分析了静止流体中非稳态延伸的垂直壁面和壁面温度随时间变化的流动和传热问题，并讨论了热辐射和抽吸的影响。Kumari 和 Nath[125]利用同伦分析方法和 Keller box 数值方法考虑了磁场和抽吸喷注对在静止导电流体中非稳态垂直延伸的壁面引起的边界层混合对流的影响。

（7）霍尔效应条件下延伸的壁面上的动量和能量边界层

如前所述，近年来稳态延伸壁面上的磁流体流动和热传输研究工作在许多方面取得了很好的研究成果，例如 Chakrabarti 和 Gupta[126]，Chiam[127]和 Chandran 等[128]的研究成果。但在以往的很多研究中，因为在磁场较弱或一般强度下，相比其他影响因素在应用欧姆定律时常常忽略了霍尔项。然而，在电磁力动力学的实际应用中很多是针对强磁场或密度较小的导电流体的。在磁场较强或导电流体譬如电离流体密度较小的情况下，电磁力的影响是很显著的[129]。在强磁场作用下，霍尔电流和离子滑移对导电流体电流密度的大小和方向常常有着明显的影响，进而对磁力项也产生了影响。霍尔效应对磁流体对流和热传输在磁流体发电，磁流体加速器，制冷盘管，电力传输设备和制热部件等方面有着重要的应用。Sato[130]，Yamanishi[131]，Tani[132]考虑了带有霍尔效应条件下流体通过水平管道的流动。Katagiri[133]讨论了霍尔电流对经过半无限长平板的边界层流动的影响。Gupta[134]，Datta 和 Mazumder[135]，Pop 和 Soundalgekar[136]研究了霍尔电流对经过无限长多孔介质平板的稳态流动的影响；Pop 和 Watanabe[137]考虑霍尔效应的自然对流问题。Abo – Eldahab 和 Elbarbary[138]研究了霍尔电流对磁流体经过一个半无限的垂直壁面自然对流的影响。Abo – Eldahab 和 Abd – El – Aziz[139]研究了霍尔电流和 Ohmic 热微极流体混合对流边界层流动的影响。Abo – Eldahab 和 Abd – El – Aziz[141]研究了强磁场作用下考虑霍尔效应、热源/热汇和黏性耗散和对磁流体半无限大壁面流动和传热问题。上面这些研究中，壁面上边界层流动和传热的研究壁面均是静止的，对于导电流体在延伸壁面上的边界层流动和传热的影响，相关的研究相对较少，最近，Abo – Eldahab 和 Salem[140]研究了霍尔效应对幂率流体在一个延伸壁面上的自然对流的影响。Abo – Eldahab 等[142]和 Salem 等[143]研究了霍尔和离子滑移电流对稳态主流带有热源/热汇的静止流体在延伸壁面边界层流动的影响，另外 Abd – El – Aziz Mohamed[144]在没有考虑热源/热汇及离子滑移效应且热传输只考虑热传导的作用前提下，将问题推广到壁面为非稳态延伸的情况。

(8) 绕流楔形延伸壁面上的动量和能量边界层

前面介绍了水平和垂直延伸或收缩壁面上的边界层研究概况，而对于更一般的情况即楔形延伸壁面上动量和能量边界层的研究，学者们也给予了持续的关注，下面是到目前为止这方面的主要的研究情况：

流体绕流楔形壁面的边界层流动最先被 Falkner 和 Skan 研究，此流动问题随后被从各个角度进行推广，包括利用数值方法分析楔形角度对流动性质和问题解的存在性的影响、壁面抽吸渗透对边界层速度分布的影响以及对问题解析解的求解等方面的研究。对 Falkner – Skan 流动对楔形物壁面静止，主流速度为 $u_\infty \propto x^m$ 流体绕流壁面的分析已取得了很多较好的研究结果。但近年来，对楔形物壁面上的边界层问题的分析依然十分活跃，主要集中于以下几个方面的研究：

1）从数学角度对解析求解 Falkner – Skan 方程方法的研究。

2）考虑了楔形物壁面非静止，即流体绕流延伸或收缩的壁面流动边界层问题，特别是在不同速度比例参数下对不同的楔形物角度参数可能会出现的多解问题的求解及分析。

3）对具有不同性质的流体如微极流体、纳米流体和磁流体以不同速度比例参数绕流楔形物壁面的速度分布特点进行分析。

4）流体绕流楔形物壁面时滑移和辐射、热源/热汇、化学反应，焦耳热等对热边界层的影响。

通过相关文献可以看到国内外在这方面的研究工作主要的情况如下：

对于楔形物在流体中固定不动或者楔形物壁面在静止流体中延伸的情况下的 Falkner – Skan 速度和温度边界层，已经有了很多研究成果，例如 Na[145] 就无壁面抽吸和喷注情况对 Falkner – Skan 进行了数值求解。Lin[146] 考虑了流体流过恒温的楔形壁面的热传输问题。Asaithambi[147]，Sher[148]，Chein – Shan[149]，Fang，Zhang[150] 和 Riley，Weidman[151] 提出了一个求解 Falkner – Skan 方程的有限差分数值方法。Yang 等[152-156] 建立在无壁面喷注和抽吸情况下不同的楔形物的角度参数对 Falkner – Skan 边界层流动问题解的存在性和解的性质影响，但对于存在壁面抽吸和喷注和壁面非静止的情况目前在解的存在性方面还没有相关的研究结果。

对楔形壁面在运动流体中延伸或收缩的情况，Fang 等[150] 从理论分析了速度比例参数抽吸喷注参数对边界层解的存在性和多解性的影响。Yao 等[157,158] 利用同伦分析法先后对此问题的存在抽吸和速度楔形壁面在运动流体中延伸或运动的情况进行了解析求解。Postelnicu 等[159] 利用数值方法对楔形物在运动流体中延伸和收缩边界层流动进行了分析，对壁面收缩的情况当速度比例参数小于一个临界值时会出现双解。Ishak[160]研究了楔形延伸壁面上壁面抽吸或喷注对流动的影响；Yih[161]、Watanabe[162]、Elbashbeshy[163]和Kuo[164]用数值方法分析了稳态的流体绕流带有楔形壁面的速度和热边界层问题，分析了抽吸喷注或辐射对传热的影响。Kandasamy等[165]研究了化学反应热和抽吸喷注对楔形壁面上传热和传质的影响；在其另一篇文章中[166]，他们利用数值方法考虑了楔形壁面静止情况的热边界问题，分析了辐射和化学反应热对温度分布的影响。最近，Rahman和Eltayeb[167]分析了比较简单情况下的流体流过静止楔形壁面情况下壁面速度滑移和温度跳跃对流动和传热的影响，其中动量方程只有压力和黏性力项，能量方程也只考虑热传导的影响。

Ishak等[168]和Yacob等[169]将对楔形壁面边界层的研究推广到微极流体和纳米流体。其中Ishak等[168]研究了稳态的微极流体逆着楔形物流动的速度边界层问题，通过利用Keller-box数值方法对问题进行了求解，分析了速度比例参数对问题多解的影响；Yacob等[169]利用同样的Keller-box数值方法研究了稳态的纳米流体流过运动的楔形物壁面速度边界层，也分析了不同速度比例参数对问题多解的影响和纳米流体体积分数对速度分布的影响，他们的研究均局限于只考虑黏性力影响在比较简单情况下重点研究速度比例参数对多解的影响，均没有分析磁场和考虑相关的热边界层问题，也没有分析楔形物角度对解存在性的作用。

在楔形壁面上磁流体边界层的研究方面，Soundalgekar等[170]等研究了不可压缩的黏性导电流体的Falkner-Skan磁流体边界层流动和热传输性质，证明了当外磁场与边界层厚度呈反比时相似解的存在性，并得到了问题的数值解，但在能量方程中只考虑了热传导的影响。Abbasbandy和Hayat[171,172]利用Hankel-Padé方法得到了壁面无渗透的Falkner-Skan磁流体动力学边界层流动的壁摩擦系数值，在文献[171]中他们利用同伦分析法得到了上述问题的近似解析解。Parand等[173]也讨论了磁流体绕流静止且壁面无渗透的楔形物问题，利用Hermite函数的拟谱方法得到了问题的近似解。Robert等[174]在假设相似解方程的解函数递增且解非负且不大于1的条件下讨论了壁面静止和无抽吸前提下流动边值问题解的存在性和唯一性。已有的与 Falkner – Skan 磁流体动力学边界层流动问题近似解析解的求解相关的研究大多局限于壁面为不可渗透或壁面静止的情况，所使用的方法主要为同伦分析方法、Hankel – Padé 方法和 Hermite 函数的拟谱方法。

涉及若干个现象相互作用的流动和传热的研究在科学和技术领域有着广泛的实际应用。其中一个是与延伸壁面上的混合对流相关的研究，在工程、农业和石油工业中挤压成型、传输带上或卷轴间的热处理操作、蒸馏塔、离子交换柱、地下化学废物的迁移和太阳能吸收器等研究中具有重要的实际意义，其对于控制这些工作过程中最终产品的质量是必要的[117,118]。最近，有一些研究工作着眼于不同情况下垂直延伸壁面上混合对流流动[119,120,175-180]。另外，对磁场作用的研究方面，Ishak 等[121]，Kumari 和 Nath[125]均研究了磁场作用下的垂直延伸壁面上的混合对流。

楔形壁面上混合对流的相关研究还相对较少，Yih[181]用有限差分法分析了稳态的楔形壁面上磁流体热边界层，并讨论了磁场参数对流动以及焦耳热对温度分布的影响，楔形壁面是静止的且无抽吸喷注，楔形物角度限制在 $0 \sim \pi$。Chamkha 等[182]利用差分法研究了楔形壁面固定和存在热源或热汇情况下，热辐射对 MHD 强迫对流的影响。Hossain 等[183]提供了楔形壁面带有可变壁温条件下混合对流的数值结果。Muhaimin 等[184]研究了存在化学反应条件下可渗透楔形壁面上的 MHD 混合对流和质量传输问题。Kandasamy 等[185]对 Muhaimin 等研究的问题通过考虑可变的黏性进行了推广。最近，Hayat 等[186]利用同伦分析方法对楔形壁面上混合对流进行解析求解，没有考虑磁场和壁面渗透的影响；Anjali Devi[187]利用数值方法通过考虑温度浮升力和壁面抽吸喷注对流动的影响推广了 Yih 的部分研究工作，壁面也局限于静止情况，不考虑沿壁面方向压力梯度的影响，对温度边界层只考虑热传导和焦耳热的影响，对楔形角度固定为 $\pi/3$，没有讨论楔形角度变化对流动和传热的影响。Su 等[188]分析了楔形延伸壁面上考虑热辐射和焦耳热影响条件下的磁流体力学混合对流流动和传热，对数学模型利用数值和 DTM – BF 解析解法对问题进行求解，得到了不同物理参数值下的速度场和温度场。

诸如水、矿物油和乙二醇等热传输流体在包括发电、化学过程、加热或冷却过程等许多工业生产过程中发挥了关键的作用。纳米流体是一种新型的传热流体，由在传统的基液中包含悬浮纳米颗粒如金属、非金属和高分子形成。因为纳米流体代表着提高热传输性能的新途径，在热处理领域有着广阔的应用前景，所以最近几年相当多的理论和实验专注于纳米流体的研究。在最近有关纳米流体的研究中，有一些文献着眼于通过实验[189,190]和数值方法[191-195]对纳米流体流动和对流传热性质的研究。Tzou[196,197]分析了纳米流体在自然对流中的不稳定性，Alloui 等[198]最近对纳米流体在浅矩形腔中自然对流利用解析和数值方法进行了研究。这些文献均局限于对纳米流体的自然对流，而在实际中，考虑静止或运动的纳米流体中延伸表面上的流动和热传输是非常必要的。Mustafa 等[199]和 Hamad 等[200]分别考虑了纳米流体（看作单相流）在水平延伸壁面上的流体和热传输；Yacob 等[201]和 Bachok 等[202]考虑了分别包含纳米粒子 Cu、Al_2O_3 和 TiO_2 的三种纳米流体在静止和延伸楔形壁面上流动，但是没有考虑相应的对流热传输问题。在所能查到的纳米流体的文献中，目前对延伸壁面上纳米流体的混合对流热传输的研究还相对较少。最近，Rana 和 Bhargava 等[203]利用数值方法对静止不动的垂直壁面上的纳米流体的混合对流边界层流动进行了研究，并考虑了热源和热汇的影响。另一方面，Hamad 等[204]分析了磁场作用下纳米流体流经垂直壁面时的自然对流。Su 和 Zheng[205]对霍尔电流作用下延伸的楔形壁面上纳米流体混合对流进行了研究，分析了纳米粒子浓度、磁场强度和纳米粒子种类对横向、纵向和垂直壁面三种方向的分速度和温度场的作用特点。

目前，关于霍尔效应条件下楔形延伸壁面上的 MHD 边界层流动的研究还很难查到相关的文献，这方面的研究还有待深入。

1.6 本书的主要研究内容

延伸或收缩壁面上边界层传递问题在许多实际工程与技术中有着重要

的应用，特别是在外磁场作用下的相应 MHD 边界层速度和温度边界层传递行为一直是许多交叉学科研究的热点之一，对它的研究同时对非线性分析领域也有着重要的理论价值。本文对延伸或收缩壁面上 MHD 动量和能量边界层传输问题，在已有文献的基础上，主要从 4 个方面进行了系统的研究：

1）从数学角度对非线性的控制方程解析求解进行了分析，首次提出了求解这类非线性边界层问题的基于微分变换和基函数结合的 DTM - BF 方法，并将其应用到本文的研究中，对所有 DTM - BF 结果进行了数值验证。

2）研究了在主流非静止情况下，非稳态延伸或收缩壁面上的 MHD 边界层传递行为，并对延伸的情况利用函数分析方法从数学角度证明了无量纲速度的单调、凹凸性和有界性等定性性质，同时对收缩的情况得到了问题的单解和多解性，并对一些参数值给出了其存在单解和多解的参数值范围。

3）对以不同速度比例参数绕流水平、垂直和更一般的楔形壁面上的 MHD 边界层问题进行了系统的分析。

4）对各物理参数包括壁面速度或温度跳跃、辐射、热源/热汇、焦耳热和纳米流体的纳米粒子、楔形角度、霍尔电流和离子滑移等共同影响下 MHD 边界层的传输特点分别进行了分析，得到了各参数对边界层速度和温度分部的影响。具体而言，本书主要工作如下：

第 1 章概述了本文研究领域的相关背景、国内外的研究进展和所使用的研究方法等，简要地阐述了流体力学、磁流体力学、边界层和几种非线性解析求解方法的思想，其中重点介绍了 DTM - BF 非线性解析求解方法的思想和根据国内外文献介绍了本书论述研究对象相关领域的研究进展。

第 2 章分别研究了非稳态延伸和非稳态收缩水平壁面上的 MHD 动量和能量边界层传递问题。对于非稳态延伸壁面的情况，利用函数分析方法给出并证明了无量纲速度的单调、凹凸性和有界性等定性性质；利用 DTM -

第1章 概 述

BF 方法对问题进行了解析求解，同时也进行了数值求解，提供了解析解结果和数值解结果的比较；最后分析了各物理参数对边界层传递行为的影响。对于非稳态收缩壁面的情况，利用 DTM-BF 和打靶法两种方法得到了无量纲速度的单解和双解的存在范围。

第 3 章研究了非静止流体中非稳态延伸垂直壁面的 MHD 动量和能量边界层，对其相似解方程利用 DTM-BF 和打靶法进行了同时求解，分析了壁面抽吸喷注、热浮力、壁面速度滑移和温度跳跃、热辐射和热源/热汇等多因素对边界层内速度和温度分布的影响。

第 4 章研究了霍尔效应条件下的非稳态延伸壁面上的 MHD 动量和热量边界层传输行为，分析了存在壁面速度滑移和温度跳跃情况下，霍尔参数、离子滑移参数、磁场强度参数和焦耳热对 x-轴向速度、z-轴向速度和边界层内温度的影响。

第 5 章对非静止流体中延伸的楔形壁面上速度和温度边界层从三个方面分别进行了研究。首先在第 5.1 节利用 DTM-BF 方法对带滑移边界的楔形延伸壁面边界层的控制方程进行了解析求解，同时给出了相应的数值结果，进行了两种结果的对比，分析了壁面速度滑移、楔形角度、磁场强度和速度比例参数对速度边界层的影响；在第 5.2 节研究了非静止主流中延伸楔形壁面上的 MHD 混合对流问题，通过利用 DTM-BF 和打靶法两种方法进行解析和数值求解得到了磁场参数、角度参数、抽吸喷注参数、混合对流参数、热辐射参数、Eckert 数和 Prandtl 数变化时相应的速度和温度分布情况，并分析了热浮力顺向流和浮力反向流以及各参数影响下的边界层传输特点。

第 6 章考虑了霍尔效应条件下的延伸楔形壁面上的 MHD 速度和温度边界层问题，分析了霍尔参数、离子滑移参数、磁场强度参数和速度滑移参数对 x-轴向速度、z-轴向速度和温度边界层的影响。

最后总结了本书的结论，并在后记中对延伸或收缩边界层的流动和传热问题的研究工作提出了有待解决的问题和研究展望。

第 2 章 纵掠非稳态水平延伸或收缩壁面 MHD 边界层

导电流体在磁场作用下动量、热量、质量传递行为研究包括了导电流体和电磁场的交互影响,它在核能、化学、冶金、航天工业中有着广泛的应用,受到学者们的持续关注。导电流体外掠延伸或收缩平板或楔形物壁面的流动和热传输是工业中常见的现象,例如传输带拖曳流体、冶金工程中的拉拔、退火和镀锡等均涉及流体中连续表面的延伸或收缩问题。

Sakiads[38,39]最早研究了在静止牛顿流体中以定常速度延伸的水平壁面上稳态边界层流动,并分析了边界层内的动量传递行为。后来许多学者从不同的角度对不同物理条件下延伸或收缩壁面上的边界层传递行为不断地进行着深入的研究,包括从数学上对速度和温度的定性性质的分析,不同物理情况下各物理参数对边界层流动和传热等行为的控制和作用及其速度和温度分布特点,控制方程的分析理论和求解方法等[40-62,76-83,95-97]。

磁流体动力学对许多工业过程有着越来越重要的作用,利用磁场可以控制一些工业过程中冷却的效率,去除非金属物,提高金属的纯度,从而提升产品的质量等。许多学者借助不同的非线性分析方法例如函数分析方法、不动点理论和各种非线性问题的解析求解或数值求解方法从壁面均匀或非均匀延伸、抽吸和喷注、热源和热汇、化学反应、可变的黏度系数、非均匀的主流速度和驻点流动等角度考虑了延伸或收缩表面上的 MHD 流动和热传输[63-75]。很多相关文献介绍了在不同物理条件下水平、垂直和更一般的楔形延伸或收缩壁面上流动和传热问题。

近年来,带有变壁温的非稳态延伸或收缩的水平或垂直壁面上的边界层问题引起了学者们的重视,在不考虑磁场的作用下,静止流体中非稳态延伸或收缩的水平或垂直壁面上的边界层问题已有了一些研究结果,主要是从求解方法和控制方程解的特点以及相关物理参数对速度和温度传递的作用进行了研究[106-113,115-123]。基于已有的文献分析,目前对于主流非静止和霍尔效应等情况下延伸或收缩的水平或垂直壁面上的MHD边界层传递行为及其定性性质的研究还相对较少,对更一般的相应楔形延伸壁面[145-187]上MHD边界层问题也有待深入。

本章主要介绍了外掠非稳态延伸或收缩壁面MHD边界层流动和传热问题,考虑了主流非静止的情况以及焦耳热、辐射、热源和黏性耗散等影响因素。

本章的内容安排如下:在2.1节利用DTM-BF解析方法对于外掠非稳态延伸的流动和相应的在焦耳热、辐射、热源和黏性耗散共同因素下的传热问题进行求解,并对动量方程解的存在性、唯一性和解的单调、凹凸等性质利用不动点定理和函数分析方法进行理论分析;在2.2节对外掠壁面非稳态连续收缩情况下的动量和热量传递行为及相应解的多解性和单解及双解的存在范围进行研究,对结果进行数值验证。

2.1 纵掠非稳态水平延伸壁面MHD动量和热边界层

2.1.1 数学模型

考虑来流速度为 u_∞ 的导电流体外掠表面以非稳态的速度 $u_w = ax(1-ct)^{-1}$ (a, c 为正常数,量纲为 time^{-1}) 延伸,壁面温度为 T_w 的水平平面,该平面受到垂直于壁面方向的磁场 $B = B_0 \left(\dfrac{u_\infty}{\nu x}\right)^{\frac{1}{2}}$ 的作用,如图2-1所示。这里 $u_\infty = Ru_w$;其比值 $A = c/a$ 为非稳态参数,R 为速度比例参数;另外 v_w 为壁面的抽吸喷注速度,边界层内热源为 $Q(T-T_\infty)$,其质量、动量和能量

守恒控制方程为[116]

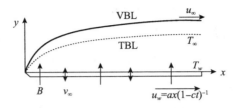

图 2-1 外掠非稳态水平延伸壁面速度和温度边界层

$$\frac{\partial u}{\partial x} + \frac{\partial v}{\partial y} = 0 \quad (2-1)$$

$$\frac{\partial u}{\partial t} + u\frac{\partial u}{\partial x} + v\frac{\partial u}{\partial y} = \left(u_\infty \frac{du_\infty}{dx} + \frac{du_\infty}{dt}\right) + \nu \frac{\partial^2 u}{\partial y^2} + \frac{\sigma B^2}{\rho}(u_\infty - u) \quad (2-2)$$

$$\rho c_p \left(\frac{\partial T}{\partial t} + u\frac{\partial T}{\partial x} + v\frac{\partial T}{\partial y}\right) = -u\left(\rho u_\infty \frac{du_\infty}{dx} + \rho \frac{du_\infty}{dt}\right) + \alpha \frac{\partial^2 T}{\partial y^2} - \frac{\partial q_r}{\partial y}$$

$$+ Q(T - T_\infty) + \mu\left(\frac{\partial u}{\partial y}\right)^2 + \sigma B^2 (u^2 - u_\infty u) \quad (2-3)$$

相应边界条件为

$$y = 0: \quad u = u_w, \quad v = v_w, \quad T = T_w \quad (2-4)$$

$$y = \infty: \quad u = u_\infty, \quad T = T_\infty \quad (2-5)$$

其中，热边界层控制方程中 $\mu\left(\frac{\partial u}{\partial y}\right)^2$ 表示黏性耗散，$\sigma B^2 u^2$ 表示磁场导致的焦耳热，$\alpha \frac{\partial^2 T}{\partial y^2}$ 表示热传导，$-u\left(\rho u_\infty \frac{du_\infty}{dx} + \rho \frac{du_\infty}{dt} + \sigma B^2 u_\infty\right)$ 表示沿着边界层方向的压强梯度功。$\frac{\partial q_r}{\partial y}$ 为辐射项，采用 Rosseland 辐射近似表达式 $q_r = (-4\sigma^*/3k^*)\partial T^4/\partial y$，这里 k^* 是平均吸收系数，σ^* 是 Stefan-Boltzmann 常数。T^4 在此处进行泰勒展开并取前两项作为其近似表达式：

$$T^4 \approx 4T_\infty^3 T - 3T_\infty^4 \quad (2-6)$$

引入下面的相似变量和流函数：

$$\eta = \left(\frac{u_w}{\nu x}\right)^{1/2} y, \quad \psi = (\nu x u_w)^{1/2} f(\eta), \quad \theta = \frac{T - T_\infty}{T_w - T_\infty} \quad (2-7)$$

壁面温度为 $T_w = T_\infty + T_{\rm ref}(2\nu)^{-1}a[x(1-ct)^{-1}]^2 = T_\infty + T_{\rm ref}\dfrac{u_w^2}{2a\nu}$（其中 $T_{\rm ref}$ 为定常的参考温度）；速度分量分别为 $u = \dfrac{\partial \psi}{\partial y} = u_w f'(\eta)$，$v = -\dfrac{\partial \psi}{\partial x} = -(\nu u_w)^{\frac{1}{2}} x^{-\frac{1}{2}} f(\eta)$，$A = c/a$ 为无量纲的衡量非稳态性的参数，当 $A=0$ 时为稳态情况下的流动和传热；壁面抽吸和喷注速度为 $v_w = -(a\nu)^{\frac{1}{2}}(1-ct)^{-\frac{1}{2}}C = -C\sqrt{\dfrac{\nu u_w}{x}}$，这里可以看出，$C<0$ 对应于喷注，$C>0$ 对应于抽吸。

利用式（2-6）和相似变量式（2-7）可将控制方程及边界条件式（2-1）~式（2-5）转化为

$$f''' + ff'' - f'^2 - A\left(f' + \dfrac{\eta}{2}f'' - R\right) - M(f' - R) + R^2 = 0 \qquad (2-8)$$

$$Pr^{-1}(1+Nr)\theta'' + (\lambda - 2A)\theta + Ec(f''^2 - R(R+A)f') + EcM(f'^2 - Rf')$$
$$- \dfrac{A}{2}\eta\theta' - 2\theta f' + f\theta' = 0 \qquad (2-9)$$

相应的边界条件为

$$f(0) = C,\ f'(0) = 1,\ \theta(0) = 1 \qquad (2-10)$$
$$f'(\infty) = R,\ \theta(\infty) = 0 \qquad (2-11)$$

其中 $R = u_\infty/u_w$ 为速度比例参数，当 $R>0$ 时壁面顺着主流方向进行延伸，并且有：$R=0$ 对应于静止壁面，$R>1$ 表示主流速度快于壁面延伸速度，$0<R<1$ 表示主流速度慢于壁面延伸速度。$Pr = \dfrac{\mu c_p}{\alpha}$，$Nr = \dfrac{16k^*\alpha}{3\sigma^* T_\infty^3}$，$M = \dfrac{\sigma B_0^2}{\rho\nu}$，$Re_x = \dfrac{u_w x}{\nu}$ 和 $Ec = \dfrac{u_w^2}{c_p(T_w - T_\infty)}$ 分别为 Prandtl 数、热辐射参数、磁场参数、局部 Reynolds 数和局部 Eckert 数。$Re_\alpha = \dfrac{u_w\sqrt{\alpha}}{\nu}$，$\lambda = \dfrac{Q\alpha Re_x}{\mu c_p Re_k^2}$ 是无量纲热源和热汇参数：$\lambda>0$ 时为热源；$\lambda<0$ 对应于热汇。

壁摩擦系数 C_f 和局部 Nusselt 数 Nu_x 分别为

$$C_f = \dfrac{\tau_w}{\rho u_w^2/2},\ Nu_x = \dfrac{xq_w}{\alpha(T_w - T_\infty)}$$

壁面剪切压力 τ_w 和壁面热流 q_w 为

$$\tau_w = \mu\left(\frac{\partial u}{\partial y}\right)_{y=0}, \quad q_w = -\alpha\left(\frac{\partial T}{\partial y}\right)_{y=0}$$

利用相似变量式（2-7），可得

$$\frac{1}{2}C_f Re_x^{\frac{1}{2}} = f''(0), \quad Nu_x / Re_x^{\frac{1}{2}} = -\theta'(0)$$

2.1.2 速度函数的凹凸、单调和极值等定性性质

利用函数分析方法，可以证明对无量纲速度函数 $f'(\eta)$ 满足下面相关性质：

引理 2-1 f' 在 $(0, +\infty)$ 的任何子区间上都不恒为不等于 R 的常数；而且，f' 在 $(0, +\infty)$ 上有：当 $R>1$ 时，满足 $1 < f' \leqslant R$，当 $0 \leqslant R < 1$ 时 $R \leqslant f' < 1$。

证明： 如果 $f''(\eta_0) = 0$ 由方程（2-8）有

$$f'''(\eta_0) = [f'(\eta_0) - R][f'(\eta_0) + R + A + M] \quad (2-12)$$

如果 f' 在 $(0, +\infty)$ 的某子区间上恒为不等于 R 的常数，则在此子区间上 $f'' \equiv 0$ 和 $f''' \equiv 0$ 成立。但是，当 $f'' = 0$ 时，由方程（2-12）可得 $f''' < 0$，从而矛盾。所以 f' 在 $(0, +\infty)$ 的任何子区间上均不恒为不等于 R 的常数。

再证 f' 在 $(0, +\infty)$ 上有界。当 $R > 1$ 时，假设 f' 在某些点处大于 R，因为 $f'(0) = 1$，$f'(+\infty) = R$，所以由 f' 的连续性，f' 必存在大于 R 极大值，但对任意大于 R 的极大值 $f'(\eta_0)$，由方程（2-12）可得 $f'''(\eta_0) > 0$，从而与 $f'(\eta_0)$ 为极大值矛盾，所以 $f'(\eta) \leqslant R$。

如果 f' 在某些点处小于 1，则 f' 必存在小于 1 的极小值，但 η_0 为极小值点时，由方程（2-12）可得 $f'''(\eta_0) < 0$，从而与 $f'(\eta_0)$ 为最小值矛盾。所以当 $R > 1$ 时，f' 在 $(0, +\infty)$ 上满足 $f' \geqslant 1$。如果存在 $\eta_1 \in (0, +\infty)$ 使得 $f'(\eta_1) = 1$，因为 f' 在任何区间上都不恒为不等于 R 的常数，由边界条件(2-10)有 f' 在 η_1 处取得最小值，但这与方程（2-12）得出的结论 $f'''(\eta_1) < 0$ 矛盾。所以 f' 在 $(0, +\infty)$ 上满足 $f' > 1$。所以在 $(0, +\infty)$ 上，当 $R > 1$ 时，

满足 $1 < f' \leq R$。同理可证，当 $0 \leq R < 1$ 时引理 2-1 成立。

引理 2-2 如果 $f'(\eta_e) = R$，则必有 $f''(\eta_e) = 0$，并且当 $\eta \in (\eta_e, +\infty)$ 时恒有 $f'(\eta) = R$。

证明：根据引理 2-1，当 $R > 1$ 时，在 $(0, +\infty)$ 上 $1 \leq f'(\eta) \leq R$，如果 $f'(\eta_e) = R$，则 f' 在 η_e 处取得最大值，所以 $f''(\eta_e) = 0$。假设存在 $\eta_1 \in (\eta_e, +\infty)$ 满足 $f'(\eta_1) < R$，由 f' 的连续性和 $f'(\eta_1) < f'(+\infty) = R$，在区间 $(\eta_e, +\infty)$ 内 f' 必存在小于 R 的极小值 $f'(\eta_2)$，那么 $f'''(\eta_2)$ 必须是非负的，但根据方程 (2-12) 可得 $f'''(\eta_2) < 0$，推出矛盾。所以当 $\eta \in (\eta_e, +\infty)$ 时恒有 $f'(\eta) = R$。对于 $0 \leq R < 1$ 的情况类似可证。

引理 2-3 f' 在区间 $(0, +\infty)$ 上无极值；当 $R > 1$ 时有 $f''(0) > 0$ 和在 $(0, +\infty)$ 上 $f'' \geq 0$，当 $0 \leq R < 1$ 时有 $f''(0) < 0$ 和在 $(0, +\infty)$ 上 $f'' \leq 0$。

证明：这里只给出 $R > 1$ 情况下的证明，$0 \leq R < 1$ 情况的证明与 $R > 1$ 的情况类似。当 $R > 1$ 时，假设 f' 在 $(0, +\infty)$ 上存在极小值 $f'(\eta_m)$，根据引理 2-1，f' 在 $(0, +\infty)$ 上满足 $1 < f' \leq R$ 可得 $f'(\eta_m) < R$，由方程 (2-12) 可得 $f'''(\eta_m) < 0$，从而与 $f'(\eta_0)$ 为极小值矛盾，所以 f' 在 $(0, +\infty)$ 上无极小值。另一方面，如果 f' 在 $(0, +\infty)$ 上存在极大值 $f'(\eta_M)$，所以必存在正数 δ_1，使得在区间 $(\eta_M, \eta_M + \delta_1)$ 内 $f''(\eta) < 0$，根据引理 2-2 可得 $f'(\eta_M) < R$，又因为边界条件 $f'(+\infty) = R$，所以必存在 $(\eta_M + \delta_1, +\infty)$ 的子区间，使得在此子区间内 $f''(\eta) > 0$，否则 f' 在区间 $(\eta_M, +\infty)$ 内递减，这与 $f'(\eta_M) < f'(+\infty) = R$ 矛盾。再根据引理 2-1 可得不存在 $(0, +\infty)$ 的子区间同时恒满足 $f''(\eta) = 0$ 和 $f'(\eta) < R$，所以存在正数 δ_2 和 $\eta_1 \in (\eta_M + \delta_1, +\infty)$，满足 $f''(\eta_1) = 0$，并且当 $\eta \in (\eta_M, \eta_1)$ 时 $f''(\eta) < 0$，当 $\eta \in (\eta_1, \eta_1 + \delta_2)$ 时 $f''(\eta) > 0$，从而 $f'(\eta_1)$ 为极小值，这与 f' 在 $(0, +\infty)$ 上无极小值矛盾。所以 f' 在区间 $(0, +\infty)$ 上无极值。

下面再证明：当 $R > 1$ 时有 $f''(0) > 0$ 和在 $(0, +\infty)$ 上 $f'' \geq 0$。

因为上面证明了 f' 在区间 $(0, +\infty)$ 上无极值，另外还有边界条件 $f'(+\infty) = R$，这说明了当 $R > 1$ 时有 $f''(0) > 0$。根据 f'' 连续性可知必存在点 $\eta_0 > 0$ 使得在区间 $(0, \eta_0)$ 有 $f'' > 0$，假设 $f'' \geq 0$ 在 $(0, +\infty)$ 不成立，

则至少存在一点 $\eta_1 \in (\eta_0, \infty)$ 满足 $f''(\eta_1) < 0$。因此，由 f'' 连续性，存在 $(\eta_0, +\infty)$ 的一个子区间，在其内有 $f''(\eta) < 0$ 成立。进一步，根据引理 2-1 和 2-2，f' 在 $(\eta_0, +\infty)$ 上将至少存在一个极大值，这与 f' 无极值矛盾。

引理 2-4 如果 $f''(\eta_0) = 0$，则有 $f'''(\eta_0) = 0$ 和 $f'(\eta_0) = R$；如果 $f'''(\eta_0) = 0$，则有 $f''(\eta_0) = 0$ 和 $f'(\eta_0) = R$。

证明：引理 2-1 和 2-3 说明，如果 $f''(\eta_0) = 0 (\eta_0 \in (0, \infty))$，那么当 $R > 1$ 和 $0 \leq R < 1$ 时，$f''(\eta_0)$ 将分别是 $f''(\eta)$ 的最小值和最大值。因此，由 $f''(\eta_0) = 0$ 立即可得到 $f'''(\eta_0) = 0$，再由式 (2-12)，可得 $f'(\eta_0) = R$。

下面证明：$f'''(\eta_0) = 0$ 使得 $f''(\eta_0) = 0$ 和 $f'(\eta_0) = R$ 成立。

当 $f'''(\eta_0) = 0$ 时，由方程 (2-8) 可得

$$f^{(4)}(\eta_0) = f''(\eta_0)\left(f'(\eta_0) + \frac{3A}{2} + M\right)$$

如果 $f''(\eta_0) > 0$，根据上面的方程有 $f^{(4)}(\eta_0) > 0$，这说明 $f''(\eta_0)$ 是 $f''(\eta)$ 在 $(0, +\infty)$ 上的一个大于 0 的极小值。然而，根据边界条件 $f''(+\infty) = 0$ 和 $f''(\eta)$ 的连续性，此时 $f''(\eta)$ 将在 (η_0, ∞) 上存在至少一个大于 0 的极大值，这与上面结论矛盾。类似地可以证明当 $f'''(\eta_0) = 0$ 时 $f''(\eta_0) < 0$ 不成立。从而可以得出结论：当 $f'''(\eta_0) = 0$ 时，$f''(\eta_0) = 0$ 成立，进一步有 $f'(\eta_0) = R$，$\eta_0 \in (0, \infty)$。

定理 2-1 $f'(\eta)$ 在 $(0, +\infty)$ 上是有界的，而且有：

① 当 $R > 1$ 时，$f'(\eta)$ 是凸的，单调递增；

② 当 $0 \leq R < 1$ 时，$f'(\eta)$ 是凹的，单调递减。

证明：由引理 (2-3) 可得：当 $R > 1$ 时有 $1 \leq f' \leq R$；当 $0 \leq R < 1$ 时有 $R \leq f' \leq 1$，所以 $f'(\eta)$ 在 $(0, +\infty)$ 上是有界的。

① 由引理 2-3 得到的 $f''(0) > 0$ 和边界条件 $f''(+\infty) = 0$ 可推出至少存在一点 $\eta_1 \in (0, +\infty)$ 使得 $f'''(\eta_1) < 0$ 成立。假设还存在一点 $\eta_2 \in (0, +\infty)$ 满足 $f'''(\eta_2) > 0$，则不是一般性，令 $\eta_1 < \eta_2$，那么至少存在一点 $\eta_3 \in (\eta_1, \eta_2)$ 有 $f'''(\eta_3) = 0$，根据引理 2-4 将使得 $f'(\eta_3) = R$ 成立。又因为 $\eta_2 > \eta_3$，那么由引理 2-2，可以得到 $f'''(\eta_2) = 0$，这与假设 $f'''(\eta_2) > 0$ 矛盾。因此

$f''' \leq 0$ 在（0, +∞）上成立，这说明 $f'(\eta)$ 在（0, +∞）上是凸的。根据引理 2-1 和 2-3 立即可得 $f'(\eta)$ 在（0, +∞）上是单调递增的。

类似情况①的证明，可以证明定理 2-1 的情况②成立。

2.1.3 DTM-BF 求解析解

按照 DTM-BF 的求解步骤，先利用 DTM 求式（2-8）和式（2-9）在下面初值条件下的幂级数形式解：

$$f(0) = C, f'(0) = 1, f''(0) = 2\beta_1 \quad (2-13)$$

$$\theta(0) = 1, \theta'(0) = \beta_2 \quad (2-14)$$

其微分变换为

$$F(0) = C, F(1) = 1, F(2) = \beta_1 \quad (2-15)$$

$$\Theta(0) = 1, \Theta(1) = \beta_2 \quad (2-16)$$

然后，对方程（2-8）和方程（2-9）实施微分变换可得迭代公式：

$$F(k+3) = \frac{1}{(k+1)(k+2)(k+3)} \Big\{ \Big(A + M + \frac{kA}{2}\Big)(k+1)F(k+1) -$$

$$(AR + MR + R^2) \times \delta(k) + \sum_{i=0}^{k} [(i+1)(k-i+1)F(i+1)$$

$$F(k-i+1) - (k-i+1)(k-i+2) \times F(i)F(k-i+2)] \Big\}$$

$$\Theta(k+2) = \frac{-Pr}{(k+1)(k+2)(1+Nr)} \Big\{ (\lambda - 2A)\Theta(k) - (EcR^2 + EcRA +$$

$$EcMR)(k+1) \times F(k+1) - \frac{A}{2}k\Theta(k) + \sum_{i=0}^{k} [Ec(i+1)(i+2)$$

$$(k-i+1)(k-i+2)F(i+2) \times F(k-i+2) + EcM(i+1)$$

$$(k-i+1)F(i+1)F(k-i+1) - 2(k-i+1) \times \Theta(i)$$

$$F(k-i+1) + (k-i+1)F(i)\Theta(k-i+1)] \Big\}$$

利用方程（2-15）和方程（2-16）以及上面的迭代公式，可计算出所有的 $F(k)$ 和 $\Theta(k)$ 项，这样幂级数形式的初值问题的解为

$$f(\eta) = \sum_{k=0}^{\infty} F(k)\eta^k \approx \sum_{k=0}^{n} F(k)\eta^k \quad (2-17)$$

$$\theta(\eta) = \sum_{i=0}^{\infty} \Theta(i)\eta^i \approx \sum_{i=0}^{m} \Theta(i)\eta^i \qquad (2-18)$$

根据方程（2-8）和方程（2-9）以及边界条件方程（2-10）和方程（2-11），选择下面形式的基函数集 $\{f_{0,0}(\eta), f_{i,j}(\eta)_{(i=1,2,3,\cdots;j=2,3,\cdots,)}\}$ 和 $\{\theta_{0,0}(\eta), \theta_{i,j}(\eta)_{(i=1,2,\cdots;j=1,2,\cdots,)}\}$，这里 $f_{i,j}(\eta) = \eta^j e^{ia_0\eta}$，$\theta_{i,j}(\eta) = \eta^j e^{i\gamma_0\eta}$，并将边值问题的解 $f(\eta)$ 用基函数表示为线性组合：

$$f(\eta) \approx f_{N_1,N_2}(\eta) = f_{0,0}(\eta) + \sum_{j=2}^{N_1}\sum_{i=1}^{N_2} b_{i,j} f_{i,j}(\eta)$$

$$= f_{0,0}(\eta) + \sum_{j=2}^{N_1}\sum_{i=1}^{N_2} b_{i,j} \eta^j e^{ia_0\eta} \qquad (2-19)$$

$$\theta(\eta) \approx \theta_{N_3,N_4}(\eta) = \theta_{0,0}(\eta) + \sum_{j=1}^{N_3}\sum_{i=1}^{N_4} d_{i,j} \theta_{i,j}(\eta)$$

$$= \theta_{0,0}(\eta) + \sum_{j=1}^{N_3}\sum_{i=1}^{N_4} d_{i,j} \eta^j e^{i\gamma_0\eta} \qquad (2-20)$$

其中 $f_{0,0}(\eta) = (Ca_0-1+R)/a_0 + R\eta + b_0 e^{a_0\eta}$，$b_0 = (1-R)/a_0$，$\theta_{0,0}(\eta) = e^{\gamma_0\eta}$ 分别满足非齐次边界条件（2-10）和（2-11）。$f_{i,j}(\eta) = b_{i,j}\eta^j e^{ia_0\eta}$ ($i=1,2,3,\cdots;j=3,4,\cdots$) 和 $\theta_{i,j}(\eta) = d_{i,j}\eta^j e^{i\gamma_0\eta}$ ($i=1,2,3,\cdots;j=2,3,\cdots$) 分别满足以下齐次边界条件：

$$f(0) = 0, \ f'(0) = 0, \ f'(\infty) = 0 \qquad (2-21)$$
$$\theta(0) = 0, \ \theta'(\infty) = 0 \qquad (2-22)$$

这里 $a_0 < 0$ 和 $\gamma_0 < 0$ 是两个待定的衰减参数，在实际应用中，N_i 小于 4 便能得到较好的精确度，这里选取 $N_1 = N_3 = 2$，$N_2 = N_4 = 4$。再将方程（2-19）和（2-20）展开为幂级数形式：

$$f(\eta) = C + \eta + \left(\frac{b_0 a_0^2}{2!} + \sum_{i=1}^{4} b_{2,i}\right)\eta^2 + \left(\frac{b_0 a_0^3}{3!} + \sum_{i=1}^{4} b_{i,2} a_0 i\right)\eta^3$$
$$+ \left(\frac{b_0 a_0^4}{4!} + \sum_{i=1}^{4} \frac{b_{i,2}(a_0 i)^2}{2!}\right)\eta^4 + \cdots \qquad (2-23)$$

其中 $b_0 = (1-R)/a_0$，将边值问题和其相应的初值问题进行匹配，因此根据方程（2-17）~方程（2-19）能建立下面的方程：

$$\sum_{i=0}^{\infty} F(i)\eta^i = C + \eta + \left(\frac{b_0 a_0^2}{2!} + \sum_{i=1}^{4} b_{2,i}\right)\eta^2 + \left(\frac{b_0 a_0^3}{3!} + \sum_{i=1}^{4} b_{i,2} a_0 i\right)\eta^3$$

$$+ \left(\frac{b_0 a_0^4}{4!} + \sum_{i=1}^{4}\frac{b_{i,2}(a_0 i)^2}{2!}\right)\eta^4 + \cdots$$

比对上式左右两边相同幂次的系数可得下面的代数方程组

$$\frac{b_0 a_0^j}{j!} + \sum_{i=1}^{4}\frac{(ia_0)^{j-2}b_{i,2}}{(j-2)!} = F(j) \quad (j=2,3,4,5,6,7) \quad (2-24)$$

通过求解代数方程（2-24），就能确定出 $\beta_1 = f''(0)/2$ 和其他待定系数，将其代入式（2-19）得到 $f(\eta)$ 的近似解析解。类似于 $f(\eta)$ 的求解步骤，可以得到 $\theta(\eta)$。例如当磁场参数分别为 $M=1$ 和 $M=5$ 时，其他参数值为 $C=-0.5$，$A=1.2$，$R=0.2$，$Nr=1$，$Pr=7$，$Ec=0.1$ 和 $\lambda=-1$ 情况下，所得到的解分别为：

$$f(\eta)_{M=1} = 5.380010920 \times 10^{-2} + 0.2\eta - 0.5538001092 e^{a_{01}\eta}$$
$$+ \eta^2 (-4.565070306 \times 10^{-2} e^{a_{01}\eta} - 2.200355783 \times 10^{-3} e^{2a_{01}\eta}$$
$$+ 3.863178739 \times 10^{-4} e^{3a_{01}\eta} - 4.278670762 \times 10^{-5} e^{4a_{01}\eta})$$

$$\theta(\eta)_{M=1} = e^{\gamma_{01}\eta} + \eta(-1.475114948 \times 10^{-1} e^{\gamma_{01}\eta} - 1.822988546$$
$$\times 10^{-3} e^{2\gamma_{01}\eta} + 3.978377446 \times 10^{-3} e^{3\gamma_{01}\eta} - 4.797117340$$
$$\times 10^{-4} e^{4\gamma_{01}\eta}) + \eta^2 (2.413617379 \times 10^{-1} e^{\gamma_{01}\eta}$$
$$+ 5.965632499 \times 10^{-3} e^{2\gamma_{01}\eta} - 1.952854106 \times 10^{-3} e^{3\gamma_{01}\eta}$$
$$+ 3.139661975 \times 10^{-4} e^{4\gamma_{01}\eta})$$

和

$$f(\eta)_{M=5} = -0.1626777325 + 0.2\eta - 0.3373222675 e^{a_{02}\eta}$$
$$+ \eta^2 (-3.015607798 \times 10^{-2} e^{a_{02}\eta} - 5.481692890 \times 10^{-4} e^{2a_0\eta}$$
$$+ 1.002679787 \times 10^{-4} e^{3a_{02}\eta} - 1.127730060 \times 10^{-5} e^{4a_{02}\eta})$$

$$\theta(\eta)_{M=5} = e^{\gamma_{02}\eta} + \eta(1.653601617 \times 10^{-1} e^{\gamma_{02}\eta} - 1.058821913 e - 1 \times 10^{-2} e^{2\gamma_{02}\eta}$$
$$+ 1.301497221 \times 10^{-3} e^{3\gamma_{02}\eta} - 1.460309881 \times 10^{-4} e^{4\gamma_{02}\eta})$$
$$+ \eta^2 (2.485442217 \times 10^{-1} e^{\gamma_{02}\eta} + 3.182919823 \times 10^{-2} e^{2\gamma_{02}\eta}$$
$$- 5.868637472 \times 10^{-3} e^{3\gamma_{02}\eta} + 8.779662019 \times 10^{-4} e^{4\gamma_{02}\eta})$$

这里 $a_{01} = -1.444564540$，$a_{02} = -2.371619300$，$r_{01} = -3.272446506$ 和 $r_{02} = -3.006095533$。相应的壁面摩擦系数和壁面温度梯度分别为 $f''(0)_{M=1} = -1.250666687$，$f''(0)_{M=5} = -1.958525953$，$\theta'(0)_{M=1} = -3.421431122$

和 $\theta'(0)_{M=5} = -3.180888448$。

2.1.4 结果分析

1. DTM 结果的数值验证

为了验证所得 DTM-BF 近似解析解的有效性，利用文献 [62] 提供的四阶 Runge-Kutta 法和打靶法对边值问题式 (2-8) ~ 式 (2-11) 进行数值求解。表 2-1 和表 2-2 是求得在不同非稳态参数 A 和磁场参数 M 与速度比例参数 R 条件下对应的壁摩擦系数 $f''(0)$ 和壁面温度梯度 $\theta'(0)$ 值 DTM-BF 结果和数值解结果的对照，从这两个表可以看出解析结果和数值结果之间相对误差（相对误差 = |(解析结果 - 数值结果)/数值结果|）的最大值只有 0.158%。另外，对所有的各物理参数变化下相应的速度和温度分布的解析结果均与其数值解结果进行了对比，如图 2-2 ~ 图 2-13 所示。这些图显示解析解结果和数值解结果吻合良好。所有这些对比表明了 DTM-BF 方法的有效性和可靠性。而且，所有利用 DTM-BF 方法和数值方法求得的无量纲速度 $f'(\eta)$ 均与定理 2-1 给出的性质完全相符。

表 2-1 当 $\lambda = -1.0$，$Pr = 1.0$，$Ec = 0.1$，$M = R = C = Nr = 0$ 时，对参数 A 的不同值壁摩擦系数和壁面温度梯度值的 DTM-BF 结果和数值解结果的对照

A	$-f''(0)$			$-\theta'(0)$		
	解析结果	数值结果	相对误差	解析结果	数值结果	相对误差
0.5	1.16724	1.16722	0.002%	1.91317	1.91610	0.153%
0.8	1.26065	1.26106	0.033%	2.04363	2.04039	0.159%
1.0	1.31996	1.32052	0.042%	2.12122	2.12458	0.158%
1.2	1.37705	1.37774	0.050%	2.19924	2.20268	0.156%
1.5	1.45888	1.45966	0.053%	2.31158	2.31508	0.151%
2.0	1.58647	1.58737	0.057%	2.48801	2.49152	0.141%

表2-2 当 $\lambda = -1.0$, $Pr = 1.0$, $Ec = 0.001$, $C = 0.5$, $Nr = 1.0$ 时，对参数 M 和 R 的不同值相应的壁摩擦系数和壁面温度梯度值的 DTM-BF 结果和数值解结果的对照

M	R	$f''(0)$			$-\theta'(0)$		
		解析结果	数值结果	相对误差	解析结果	数值结果	相对误差
0	2.0	2.49751	2.49952	0.080%	1.95853	1.95726	0.065%
	0.5	-0.94713	-0.94713	0.000%	1.73229	1.73336	0.062%
5	2.0	3.41617	3.41687	0.021%	1.98282	1.98197	0.043%
	0.5	-1.51313	-1.51313	0.000%	1.70849	1.70934	0.050%
10	2.0	4.12461	4.12498	0.009%	1.99733	1.99729	0.002%
	0.5	-1.90747	-1.90747	0.000%	1.69662	1.69712	0.030%
20	2.0	5.25007	5.25023	0.003%	2.01603	2.01693	0.045%
	0.5	-2.50774	-2.50774	0.000%	1.68230	1.68295	0.039%

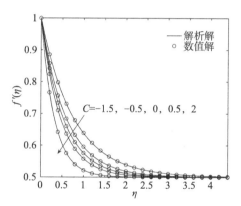

图2-2 当 $Pr = 1.0$, $Ec = 0.01$, $M = 1.0$, $R = 0.5$, $A = 1.2$, $\lambda = -1.0$ 和 $Nr = 1.0$ 时，相应于不同 C 值的速度分布

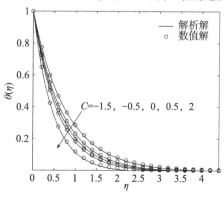

图2-3 当 $Pr = 1.0$, $Ec = 0.01$, $M = 1.0$, $R = 0.5$, $A = 1.2$, $\lambda = -1.0$ 和 $Nr = 1.0$ 时，相应于不同 C 值的温度分布

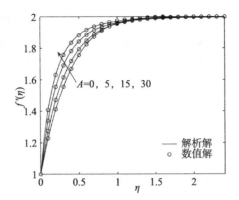

图 2-4 当 $\lambda = -1.0$, $Pr = 1.0$, $Ec = 0.01$, $R = 2$, $C = 0.5$, $M = 1.0$ 和 $Nr = 1.0$ 时，相应于不同 A 值的速度分布

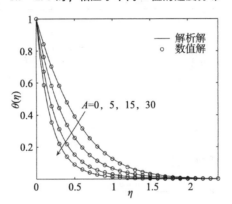

图 2-5 当 $\lambda = -1.0$, $Pr = 1.0$, $Ec = 0.01$, $R = 2$, $C = 0.5$, $M = 1.0$ 和 $Nr = 1.0$ 时，相应于不同 A 值的温度分布

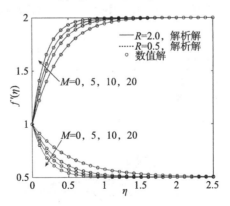

图 2-6 当 $\lambda = -1.0$, $Pr = 1.0$, $Ec = 0.001$, $C = 0.5$, $A = 1.2$ 和 $Nr = 1.0$ 时，相应于不同 M 和 R 值的速度分布

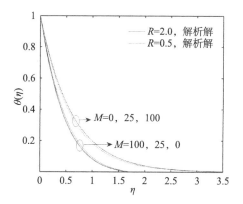

图2-7　当 $\lambda = -1.0$，$Pr = 1.0$，$Ec = 0.001$，$C = 0.5$，$A = 1.2$ 和 $Nr = 1.0$ 时，相应于不同 M 和 R 值的温度分布

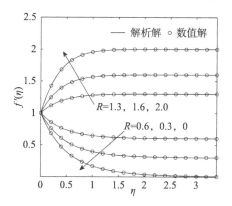

图2-8　当 $C = 0.5$，$M = 1.0$，$Nr = 1.0$，$\lambda = -1.0$，$Pr = 1.0$，$Ec = 0.01$ 和 $A = 1.2$ 时，相应于不同 R 值的速度分布

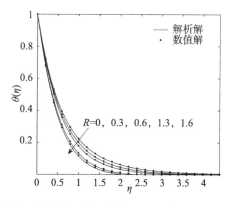

图2-9　当 $C = 0.5$，$M = 1.0$，$Nr = 1.0$，$\lambda = -1.0$，$Pr = 1.0$，$Ec = 0.01$ 和 $A = 1.2$ 时，相应于不同 R 值的温度分布

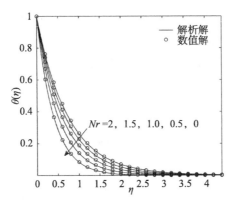

图 2 – 10 当 $\lambda = -1.0$，$Pr = 1.0$，$Ec = 0.01$，$A = 1.2$，$C = 0.5$，$M = 1.0$ 和 $R = 0.5$ 时，相应于不同 Nr 值的温度分布

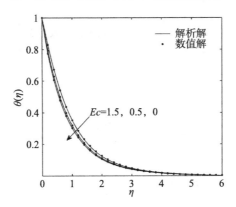

图 2 – 11 当 $\lambda = -1.0$，$Pr = 1.0$，$Nr = 2.0$，$A = 1.2$，$C = 0.5$，$R = 0$ 和 $M = 1.0$ 时，相应于不同 Ec 值的温度分布

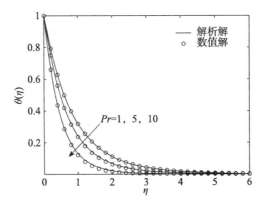

图 2 – 12 当 $Nr = 2.0$，$A = 1.2$，$Ec = 0.01$，$\lambda = -1.0$，$C = 0.5$，$R = 0$ 和 $M = 1.0$ 时，相应于不同 Pr 值的温度分布

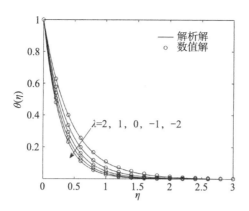

图 2-13　当 $Pr=5.0$，$Nr=2.0$，$Ec=0.01$，$A=1.2$，$C=0.5$，$M=1.0$ 和 $R=0.5$ 时，相应于不同 λ 值的温度分布

2. 各个物理参数对边界层流动和传热的影响

利用 DTM-BF 和数值方法得到的相应于各物理参数即非稳态参数 A，抽吸喷注参数 C，磁场参数 M，速度比例参数 R，辐射参数 Nr，热源参数 λ，Eckert 数 Ec 和 Prandtl 数 Pr 对边界层流动和传热影响见图 2-2 ~ 图 2-13。从这些图可以看出：

1）壁面的抽吸喷注对流动和传热具有明显的影响，壁表面的喷注增加了速度和温度边界层的厚度，减少了相应边界层的梯度；而壁面抽吸的影响恰恰相反。

2）非稳态参数的递增将导致壁摩擦系数 $|f''(0)|$ 和 $|\theta'(0)|$ 的单调增加，同时边界层内的速度和温度梯度增加，边界层的厚度相应递减。

3）磁场的施加也使得动量边界层的厚度递减，但是对于温度边界层当速度比例参数 $R<1$ 时边界层厚度增加，当 $R>1$ 时磁场的存在对温度边界层却有着相反的影响。

4）速度比例参数对速度和温度边界层有着重要的影响，无论 $R<1$ 还是 $R>1$ 的情况，R 的增加将导致流体的速度的递增，同时，当 $R<1$ 时 R 的增加使得边界层的厚度减小，当 $R>1$ 时 R 的增加却使得边界层的厚度增加。另外，在 $R<1$ 和 $R>1$ 两种情况下，R 的增加将导致流体的温度升高，温度边界层的厚度减小。

5) 热辐射参数、热源/热汇参数和 Eckert 数在相应取值情况下，对温度边界层有着类似的影响，这三个参数值的增加将使得温度升高，边界层变厚。与之相反，Prandtl 数增加使得边界层温度降低，边界层厚度变薄。

2.2　具有滑移边界的非稳态水平收缩壁面上的 MHD 边界层问题

本节利用 DTM – BF 方法对纵掠非稳态收缩壁面的磁流体动力学流动边界层进行研究，考虑壁面滑移、速度比例、非稳态参数和磁场参数对速度分布以及多解的影响。

2.2.1　数学模型

考虑二维运动不可压缩的黏性导电流体中收缩可渗透壁面上的非稳态磁流体边界层流动，如图 2 – 14 所示。边界层外主流速度为 $u_\infty = ax(1-ct)^{-1}$，这里 a，c 为正常数，量纲为 time^{-1}。壁面收缩速度为 $u_w = -Ru_\infty$，这里 $R \geqslant 0$ 是速度比例参数。磁场 B 的方向与收缩的壁面方向垂直。假设磁雷诺数较小，非稳态 MHD 边界层流动的控制方程为[25]

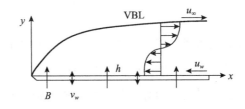

图 2 – 14　纵掠非稳态水平收缩壁面速度边界层

$$\frac{\partial u}{\partial x} + \frac{\partial v}{\partial y} = 0 \tag{2-25}$$

$$\frac{\partial u}{\partial t} + u\frac{\partial u}{\partial x} + v\frac{\partial u}{\partial y} = \left(u_\infty \frac{du_\infty}{dx} + \frac{du_\infty}{dt}\right) + \nu \frac{\partial^2 u}{\partial y^2} + \frac{\sigma B^2}{\rho}(u_\infty - u) \tag{2-26}$$

满足下面的边界条件：

$$u(x,0) = u_w + D\frac{\partial u}{\partial y}, \quad v(x,0) = v_w \qquad (2-27)$$

$$u(x,\infty) = u_\infty \qquad (2-28)$$

这里 x 和 y 轴分别平行于壁面运动方向和垂直壁面方向；u 和 v 分别为沿着 x 和 y 方向的速度分量；μ 是流体的动力黏度系数；$\nu = \mu/\rho$ 是动力黏度。$D = D_0(1-ct)^{\frac{1}{2}}$ 是随时间变化的速度滑移系数，其中 D_0 是初始滑移系数。$v_w = -C(\nu u_\infty)^{\frac{1}{2}} x^{-\frac{1}{2}}$ 表示壁面的质量传输，当 $C<0$ 为喷注，$C>0$ 对应于抽吸。磁感应强度为 $B = B_0 \left(\dfrac{u_\infty}{\nu x}\right)^{\frac{1}{2}}$。

引入相似变量：$\psi(x,y) = (\nu x u_\infty)^{1/2} f(\eta)$ 和 $\eta = \left(\dfrac{u_\infty}{\nu x}\right)^{1/2} y$ [这里 ψ 是流函数，满足 $u = \dfrac{\partial \psi}{\partial y} = u_\infty f'(\eta)$ 和 $v = -\dfrac{\partial \psi}{\partial x} = -(\nu u_\infty)^{\frac{1}{2}} x^{-\frac{1}{2}} f(\eta)$]，可将方程（2-25）及方程（2-26）和边界条件式（2-27）及式（2-28）转化为相似解方程：

$$f''' + ff'' - f'^2 - A\left(f' + \frac{\eta}{2}f'' - 1\right) - M(f'-1) + 1 = 0 \qquad (2-29)$$

$$f(0) = C, \quad f'(0) = -R + hf''(0), \quad f'(\infty) = 1 \qquad (2-30)$$

这里 $R = -\dfrac{u_w}{u_\infty}$ 为速度比例参数，$h = D_0(a\nu^{-1})^{\frac{1}{2}}$ 为壁面速度滑移参数，$M = \dfrac{\sigma B_0^2}{\rho \nu}$ 为磁场参数。

壁摩擦系数 C_f 表示为 $C_f = \mu \left(\dfrac{\partial u}{\partial y}\right)_{y=0} \bigg/ \left(\dfrac{1}{2}\rho u_\infty^2\right) = 2Re_x^{-\frac{1}{2}} f''(0)$，这里 $Re_x = \dfrac{u_\infty x}{\nu}$ 是局部雷诺数。

2.2.2 DTM-BF 求解析解

因为在式（2-30）中无穷远处条件 $f'(\infty)$ 不方便应用，首先利用微分变换法求解方程（2-29）在下面初值条件下的解：

$$f(0) = C, \quad f'(0) = -R + 2h\beta, \quad f''(0) = 2\beta \qquad (2-31)$$

初值条件式（2-31）的微分变换为

$$F(0) = C, \quad F(1) = -R + 2h\beta, \quad F(2) = \beta \quad (2-32)$$

利用表 2-1 中的运算公式对方程（2-29）实施微分变换，可以得到关于函数 $f(\eta)$ 的微分变换函数的迭代公式：

$$F(k+3) = \frac{1}{(k+1)(k+2)(k+3)} \left\{ \left(A + M + \frac{kA}{2}\right)(k+1)F(k+1) \right.$$
$$- (A + M + 1)\delta(k) + \sum_{i=0}^{k} [(i+1)(k-i+1)F(i+1)$$
$$\left. F(k-i+1) - (k-i+1)(k-i+2) \times F(i)F(k-i+2)] \right\}$$

将方程（2-32）代入上面的迭代公式中，可以计算出所有 $F(k)$ 的项，进一步即可得到初值问题式（2-29）～式（2-31）幂级数形式解：

$$f(\eta) = \sum_{k=0}^{\infty} F(k)\eta^k \approx \sum_{k=0}^{n} F(k)\eta^k \quad (2-33)$$

为了确定 β 的值，将边值问题式（2-29）和式（2-30）表示为基函数的线性组合，从方程（2-29）和边界条件式（2-30）选择下面关于 $f(\eta)$ 的基函数集：

$$\{f_{0,0}(\eta), f_{i,j}(\eta)_{(i=1,2,3,\cdots;j=2,3,\cdots,)}\}$$

并表示为下面的形式：

$$f(\eta) \approx f_{N_1,N_2}(\eta) = f_{0,0}(\eta) + \sum_{j=3}^{N_1+2}\sum_{i=1}^{N_2} b_{i,j} f_{i,j}(\eta) = f_{0,0}(\eta) + \sum_{j=3}^{N_1+2}\sum_{i=1}^{N_2} b_{i,j}\eta^j e^{ia_0\eta}$$

$$(2-34)$$

这里 $f_{0,0}(\eta) = C - H + \eta + He^{a_0\eta} + b_1\eta e^{a_0\eta} + b_2\eta^2 e^{a_0\eta}$
$\left(H = \dfrac{2hb_1a_0 + 2b_2h - b_1 - R - 1}{a_0 - ha_0^2}\right)$ 满足边界条件（2-30），$f_{i,j}(\eta) = b_{i,j}\eta^j e^{ia_0\eta}$，
$(i = 1, 2, 3, \cdots; j = 3, 4, \cdots)$ 满足下面的齐次边界条件：

$$f(0) = 0, \quad f'(0) = 0, \quad f'(\infty) = 0 \quad (2-35)$$

这里 $a_0 < 0$ 是一个待定的衰减参数，在实际应用中对 $f_{N_1,N_2}(\eta)$ 一般取 $N_i \leq 4$ ($i = 1, 2$) 作为近似解。在本节中，取 $N_1 = N_2 = 2$，展开方程（2-34）的右边，得到下面关于 η 为自变量的幂级数：

$$f(\eta) = C + (Ha_0 + b_1 + 1)\eta + \left(\frac{Ha_0^2}{2!} + b_1 a_0 + b_2\right)\eta^2$$
$$+ \left(\frac{Ha_0^3}{3!} + \frac{b_1 a_0^2}{2!} + b_2 a_0 + \sum_{i=1}^{2} b_{i,3}\right)\eta^3$$
$$+ \left(\frac{Ha_0^4}{4!} + \frac{b_1 a_0^3}{3!} + \frac{b_2 a_0^2}{2!} + \sum_{i=1}^{2} i a_0 b_{i,3} + \sum_{i=1}^{2} b_{i,4}\right)\eta^4 + \cdots \quad (2-36)$$

从方程（2-33）和方程（2-36）得到下面的方程：

$$\sum_{i=0}^{\infty} F(i)\eta^i = C + (Ha_0 + b_1 + 1)\eta + \left(\frac{Ha_0^2}{2!} + b_1 a_0 + b_2\right)\eta^2$$
$$+ \left(\frac{Ha_0^3}{3!} + \frac{b_1 a_0^2}{2!} + b_2 a_0 + \sum_{i=1}^{2} b_{i,3}\right)\eta^3$$
$$+ \left(\frac{Ha_0^4}{4!} + \frac{b_1 a_0^3}{3!} + \frac{b_2 a_0^2}{2!} + \sum_{i=1}^{2} i a_0 b_{i,3} + \sum_{i=1}^{2} b_{i,4}\right)\eta^4 + \cdots \quad (2-37)$$

比对方程（2-37）中的 η 同次项的系数，可得下面的代数方程组：

$$\frac{Ha_0^2}{2!} + b_1 a_0 + b_2 = F(2)$$

$$\frac{Ha_0^3}{3!} + \frac{b_1 a_0^2}{2!} + b_2 a_0 + \sum_{i=1}^{2} b_{i,3} = F(3)$$

$$\frac{Ha_0^j}{j!} + \frac{b_1 a_0^{j-1}}{(j-1)!} + \frac{b_2 a_0^{j-2}}{(j-2)!} + \sum_{i=1}^{2} \frac{(ia_0)^{j-3} b_{i,3}}{(j-3)!} + \sum_{i=1}^{2} \frac{(ia_0)^{j-4} b_{i,4}}{(j-4)!}$$
$$= F(j) \quad (j = 4,5,6,7,8,9) \quad (2-38)$$

通过求解代数方程组（2-38）可以确定出所有的待定系数 $\beta = f''(0)/2$，a_0，b_1，b_2 和 $b_{i,j}(i=1,2; j=3,4)$，这样就得到了基函数 $f_{i,j}(\eta)$ 线性表示的边值问题式（2-29）和式（2-30）的近似解析解。例如，当 $R=1$，$h=0.5$，$C=0.5$，$A=0.2$ 和 $M=1$ 时，利用 DTM-BF 方法得到了边值问题式（2-29）和式（2-30）的唯一解如下：

$$f(\eta) = -1.52565804 \times 10^{-2} + \eta + 5.152565804 \times 10^{-1} e^{a_0 \eta} - 1.323548346$$
$$\times 10^{-1} \eta e^{a_0 \eta} + 2.361355684 \times 10^{-2} \eta^2 e^{a_0 \eta} + \eta^3 (6.768722866$$
$$\times 10^{-2} e^{a_0 \eta} + 3.176973815 \times 10^{-5} e^{2a_0 \eta}) + \eta^4 (1.680609684$$
$$\times 10^{-2} e^{a_0 \eta} - 1.347508089 \times 10^{-4} e^{2a_0 \eta})$$

其中 $a_0 = -1.729892958$,相应壁摩擦系数 $f''(0) = 1.952612871$。利用此方法对于特定的一些参数值很容易得到问题存在双解,譬如,$R = 3$,$h = 0.5$,$C = 0.5$,$A = 0.2$ 和 $M = 1$ 时,得到的双解为

$$\begin{aligned} f(\eta) &= -8.31353351 \times 10^{-1} + \eta + 1.331353351 e^{a_{01}\eta} + 6.774283297 \\ &\quad \times 10^{-1}\eta e^{a_{01}\eta} - 1.616657679 \times 10^{-1}\eta^2 e^{a_{01}\eta} + \eta^3 (-1.731237714 \\ &\quad \times 10^{-1} e^{a_{01}\eta} - 2.616645499 \times 10^{-4} e^{2a_{01}\eta}) + \eta^4 (-4.143314162 \\ &\quad \times 10^{-2} e^{a_{01}\eta} - 9.173503583 \times 10^{-5} e^{2a_{01}\eta}), \end{aligned}$$

和

$$\begin{aligned} f(\eta) &= -6.347010679 + \eta + 6.847010679 e^{a_{02}\eta} + 5.980738985 \eta e^{a_{02}\eta} \\ &\quad + 2.198112358 \times \eta^2 e^{a_{02}\eta} + \eta^3 (4.419404376 \times 10^{-1} e^{a_{02}\eta} \\ &\quad + 7.139833492 \times 10^{-4} e^{2a_{02}\eta}) + \eta^4 (4.281028066 \times 10^{-2} e^{a_{02}\eta} \\ &\quad - 3.509803303 \times 10^{-4} e^{2a_{02}\eta}) \end{aligned}$$

其中 $a_{01} = -2.249390153$,$a_{02} = -1.386524617$。所得到的两个相应的壁摩擦系数 $f''(0)$ 分别为 0.974380250 和 3.365390422。

2.2.3 结果分析

为了验证 DTM-BF 的精确性,利用文献 [113] 中的四阶 Runge-Kutta法和打靶法对边值问题式(2-29)和式(2-30)进行数值求解。计算过程中,打靶的误差控制在 10^{-5} 以下。然后对于所有参数即速度滑移参数 h、非稳态参数 A、磁场参数 M、抽吸喷注参数 C 和速度比例参数 R 的不同值,将所得的 DTM-BF 结果和数值结果进行了比对,壁摩擦系数和速度分布的比对结果列于表 2-3 和图 2-15 ~ 图 2-28 中。其中表 2-3 显示壁摩擦系数 $f''(0)$ 的解析结果和数值解结果的相对误差(相对误差 = |(解析结果 - 数值结果)/数值结果|)最大值为 0.599%,同时从图 2-15 ~ 图 2-28 可以发现所有比对结果也很吻合,说明了 DTM-BF 求解无界区域上非线性边值问题的可靠性和有效性,而且所得的结果能揭示所有物理参数对此流动问题解的存在性、双解性和唯一性。

表 2-3 当 $M=1.0$，$h=1.0$，$A=0.2$ 和 $C=0.5$ 时，对参数 R 的不同值
壁摩擦系数 DTM-BF 结果和数值解结果的对比

R	第一组解			第二组解		
	解析结果	数值结果	相对误差	解析结果	数值结果	相对误差
0.0	0.67846	0.67877	0.046%	—	—	—
1.0	1.33658	1.33721	0.047%	—	—	—
2.0	1.96947	1.96873	0.038%	—	—	—
3.0	2.56062	2.56066	0.002%	0.56194	0.56279	0.151%
4.0	3.08473	3.08519	0.015%	1.45119	1.44993	0.087%
5.0	3.43032	3.43097	0.019%	2.58957	2.58669	0.111%
5.3	3.32843	3.30858	0.599%	3.16687	3.16346	0.108%

图 2-15、图 2-16 和图 2-17 显示了速度滑移参数 h 对非稳态收缩壁面引起的边界层流动的影响。图 2-15 描绘的是对 h 的不同值，壁摩擦系数 $f''(0)$ 随速度比例参数 R 的变化。从此图可以看出对 h 的不同值边界层流动存在解的 R 范围，并且当 $M=1.0$，$A=0.2$ 和 $C=0.5$ 时对给出的每个 h 均存在双解。对于壁面不存在速度滑移的情况即 $h=0$ 时，当 $R<2.50$ 存在唯一解，当 $2.50 \leqslant R \leqslant 2.55$ 存在双解，当 $R>2.55$ 时问题无解。在滑移边界条件下，可以看出随着滑移参数 h 值的增大有解的范围和双解的存在范围的宽度均明显增加。当 $h=0.5$，1 时，存在唯一解 R 的范围分别是 $R<2.70$ 和 $R<2.98$，双解的存在范围分别是 $2.70 \leqslant R \leqslant 3.746$ 和 $2.98 \leqslant R \leqslant 5.308$，无解的存在范围分别为 $R>3.746$ 和 $R>5.308$。而且当 $h=0.5$，1 时，发现一个现象，即所有的壁摩擦系数 $f''(0)$ 的最大值均近似等于 3.43。图 2-16 和图 2-17 提供了对于一些 h 值对应的速度分布。图 2-16 是与唯一解相应的速度 $f'(\eta)$ 的分布，可以看出在固定点处速度随着值的增加而增加。在图 2-17 中可以看到双解速度分布 $f'(\eta)$ 的第一组解的性质与唯一解速度分布是一致的，而第二组解的相应的速度分布却与之相反。

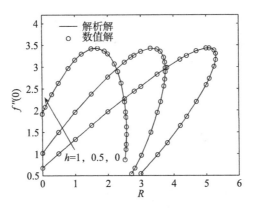

图 2-15 当 $M=1.0$，$A=0.2$ 和 $C=0.5$ 时，壁摩擦系数 $f''(0)$
相应于 h 和 R 变化的解析解和数值解结果

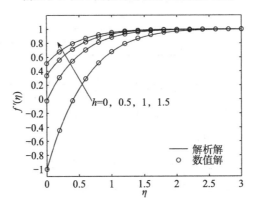

图 2-16 当 $M=1.0$，$A=0.2$，$C=0.5$ 和 $R=1$ 时，相应于不同 h 值的
速度分布的单解 $f'(\eta)$ 的解析解和数值解结果

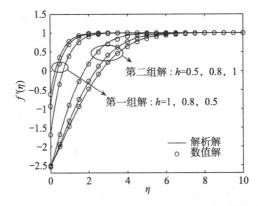

图 2-17 当 $M=1.0$，$A=0.2$，$C=0.5$ 和 $R=3.4$ 时，相应于不同 h 值的
速度分布的双解 $f'(\eta)$ 的解析解和数值解结果

图 2-18 展示了对非稳态参数 A 的不同值，壁摩擦系数随速度比例参数 R 的变化情况。在此图中描绘了当 $M=1.0$，$h=0.5$ 和 $C=0.5$ 时，对 $A=0$，0.5，1，2，4 分别对应边界层流动解的存在区域。对于稳态收缩流动即 $A=0$ 的情况，可以得到当 $R<2.40$ 时存在唯一解，当 $2.40\leqslant R\leqslant 3.55$ 时存在双解，而当 $R>3.55$ 时问题不存在任何解。对于此类非稳态收缩流，发现随着非稳态参数 A 值的增加，解的存在区间范围的宽度也变得更宽，但是双解的存在范围的宽度却逐渐变窄，直到不存在双解。对于 $A=0.5$，1 唯一解的存在范围分别为 $R<3.30$ 和 $R<4.30$；双解的存在范围分别是 $3.30\leqslant R\leqslant 4.05$ 和 $4.30\leqslant R\leqslant 4.585$；而当 $R>4.05$，$R>4.585$ 分别无解。另一方面，当 $A=2$，4 时，对 R 的任何值均不存在双解只存在唯一解，且其对应范围分别是 $R\leqslant 5.75$ 和 $R\leqslant 7.31$。而且可以看出 $f''(0)$ 的最大值均随着 M 的增加而增加。图 2-19 和图 2-20 给出的是几个 A 的值相应的速度分布。当 $h=0.5$，$M=1.0$ 和 $C=0.5$ 时，从图 2-19 可以得到唯一解对应的速度分布 $f'(\eta)$ 随着 A 的增加而增加。图 2-20 描绘了当 $M=1.0$，$h=0.5$ 和 $C=0.5$ 时参数 A 和 R 的一些值的相应双解速度分布，显示出在第一组解中边界层的厚度比第二组解的边界层厚度明显要薄。

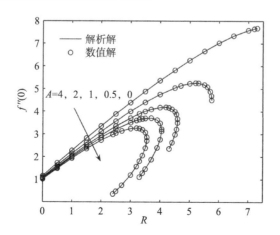

图 2-18 当 $M=1.0$，$h=0.5$ 和 $C=0.5$ 时，壁摩擦系数 $f''(0)$ 相应于 A 和 R 变化的解析解和数值解结果

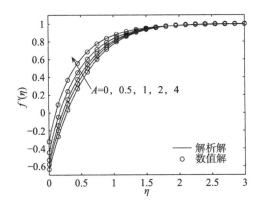

图 2-19 当 $M=1.0$，$h=0.5$，$C=0.5$ 和 $R=1$ 时，相应于不同 A 值的速度分布的单解 $f'(\eta)$ 的解析解和数值解结果

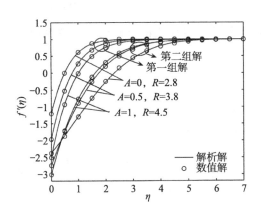

图 2-20 当 $M=1.0$，$h=0.5$ 和 $C=0.5$ 时，相应于不同 h 和 A 值的速度分布的双解 $f'(\eta)$ 的解析解和数值解结果

图 2-21 是当 $h=0.5$，$A=0.2$ 和 $C=0.5$ 时，壁摩擦系数 $f''(0)$ 对于不同磁场参数 M 的值随 R 的变化。对于 $M=0$，1，2 时，得到的唯一解的存在范围分别是 $R<1.35$，$R<2.70$ 和 $R<4.30$；双解的存在范围相应分别为 $1.35 \leqslant R \leqslant 2.4145$，$2.70 \leqslant R \leqslant 3.73$ 和 $4.30 \leqslant R \leqslant 5.1625$；无解的范围相应为 $R>2.4145$，$R>3.73$ 和 $R>5.1625$。从图中可以看出 $f''(0)$ 的最大值随着 M 的增加而增加。从这些结果可以得出值的增加将导致解的存在范围的增加，但双解存在范围的宽度略有减小。图 2-22 和图 2-23 给出的是几个

M 值对应的速度分布。从图 2-22 唯一解的速度分布 $f'(\eta)$ 显示出随着 M 值的增加边界层的厚度减小,并增加边界层的速度梯度。从图 2-23 给出的是当 $h=0.5$,$A=0.2$ 和 $C=0.5$ 时一些 M 和 R 的值所对应的双解速度分布,可以观察到第一组解的速度比第二组解的速度更快速趋于 1,即更快到达主流速度,边界层的厚度也更薄。

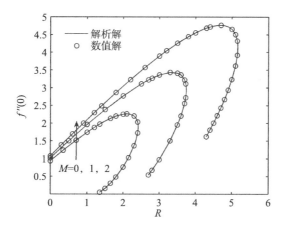

图 2-21 当 $h=0.5$,$A=0.2$ 和 $C=0.5$ 时,壁摩擦系数 $f''(0)$
相应于 M 和 R 变化的解析解和数值解结果

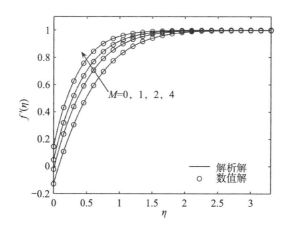

图 2-22 当 $h=0.5$,$R=1$,$A=0.2$ 和 $C=0.5$ 时,相应于不同 M 值的
速度分布的单解 $f'(\eta)$ 的解析解和数值解结果

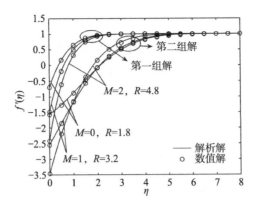

图 2-23 当 $h=0.5$，$A=0.2$ 和 $C=0.5$ 时，相应于不同 M 和 R 值的速度分布的双解 $f'(\eta)$ 的解析解和数值解结果

图 2-24 显示的是当 $h=0.5$，$A=0.2$ 和 $M=1$ 时，对于抽吸喷注参数 C 的不同值壁摩擦系数 $f''(0)$ 值随 R 的变化。当取 $C=-0.5,0,0.5$ 时，所得到边界层问题关于 R 的双解存在范围分别是 $2.50 \leqslant R \leqslant 2.666$，$2.62 \leqslant R \leqslant 3.11$ 和 $2.70 \leqslant R \leqslant 3.746$，可以看到收缩壁面上喷注减少了双解存在范围的长度，而抽吸对此有着相反的影响。图 2-25 和图 2-26 给出的是对于取得一些参数 C 和 R 的值所对应的速度分布。图 2-25 中对应唯一解的速度分布，很明显流体的速度随着参数 C 值的增加而增加；而在双解速度分布图 2-26 中，可以看到在第一组解速度分布 $f'(\eta)$ 中抽吸增加了流体的速度，而在第二组解速度分布中却显示抽吸降低了流体的速度。

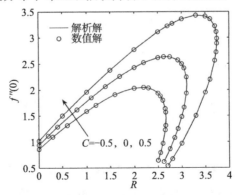

图 2-24 当 $h=0.5$，$A=0.2$ 和 $M=1$ 时，壁摩擦系数 $f''(0)$ 相应于 C 和 R 变化的解析解和数值解结果

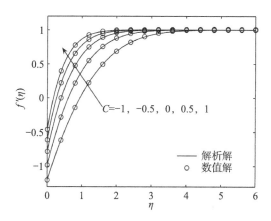

图 2-25 当 $h=0.5$，$R=2$，$A=0.2$ 和 $M=1$ 时，相应于不同 C 值的速度分布的单解 $f'(\eta)$ 的解析解和数值解结果

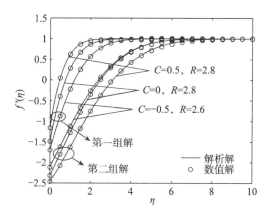

图 2-26 当 $h=0.5$，$A=0.2$ 和 $M=1$ 时，相应于不同 C 和 R 值的速度分布的双解 $f'(\eta)$ 的解析解和数值解结果

图 2-27 和图 2-28 给出的是当 $h=0.5$，$C=0.5$，$A=0.2$ 和 $M=1$ 时，速度比例参数 R 对速度分布的影响。由图 2-27 可以看出唯一解对应的速度分布随着参数 R 的增加而降低。图 2-28 提供了双解速度分布，可以看出当增加 R 时第一组解的性质与图 2-27 中的唯一解速度分布类似，而第二组解对应的速度分布性质却与之相反。

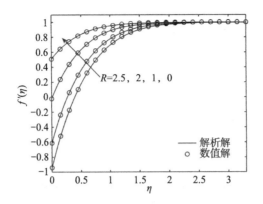

图2-27 当 $h=0.5$,$C=0.5$,$A=0.2$ 和 $M=1$ 时,相应于不同 R 值的速度分布的单解 $f'(\eta)$ 的解析解和数值解结果

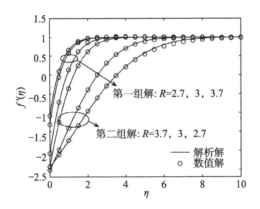

图2-28 当 $h=0.5$,$C=0.5$,$A=0.2$ 和 $M=1$ 时,相应于不同 R 值的速度分布的双解 $f'(\eta)$ 的解析解和数值解结果

最后,观察到当速度滑移参数 h 较小时,速度 $f'(\eta)$ 最开始是负的,随着 η 值的增加均逐渐单调递增变成正值,证实了这类收缩流动当速度滑移参数 h 较小时,靠近壁面处存在回流区域,而随着速度滑移参数 h 的增加,回流区域渐渐消失,其原因在于壁面是收缩速度的方向,与边界层外的主流速度方向相反,而且壁面速度滑移的存在使得壁面延伸产生的动量只有部分传递给壁面上的流体。

第2章 纵掠非稳态水平延伸或收缩壁面 MHD 边界层

2.3 小　结

本章分析了非稳态延伸和收缩水平壁面上的 MHD 边界层问题，利用 DTM－BF 方法对问题进行了解析求解，通过与数值解结果的对照，解析解结果的精确性和有效性被证实，验证了 DTM－BF 方法的可靠性。通过求解发现了各物理参数影响下的非稳态延伸和收缩壁面上边界层内速度和热量传递行为特点。

1. 非稳态延伸壁面的情况

1）非稳态参数的递增将导致壁摩擦系数$|f''(0)|$和$|\theta'(0)|$的单调增加，同时边界层内的速度和温度梯度增加，边界层的厚度相应递减。

2）磁场的施加也使得动量边界层的厚度递减，但是对于温度边界层当速度比例参数 $R<1$ 时边界层厚度增加，但当 $R>1$ 时磁场参数增加将产生相反的影响。

3）速度比例参数对速度和温度边界层有着重要的影响，无论 $R<1$ 还是 $R>1$ 的情况，R 的增加将导致边界层内速度的递增，同时，当 $R<1$ 时 R 的增加使得边界层的厚度减小，当 $R>1$ 时 R 的增加却使边界层的厚度增加；另外，在 $R<1$ 和 $R>1$ 两种情况下，R 的增加均将导致流体的温度升高，温度边界层厚度的降低。

4）热辐射参数、热源/热汇参数对温度边界层有着类似的影响，当 $R>1$ 时，这两参数值的增加将使得温度降低，边界层厚度变薄。与之相反，Prandtl 数和 Eckert 数的增加却使得温度升高，边界层厚度变厚。

5）壁面的抽吸喷注对流动和传热具有明显的影响，壁表面的喷注增加了速度和温度边界层的厚度，减小了相应边界层的梯度；而壁面抽吸的影响恰恰相反。

6）证明了无量纲速度满足性质定理 2－1。

2. 具有速度滑移影响的非稳态收缩壁面的情况

通过 DTM – BF 方法和打靶法得到了相应于不同参数值的单解和双解的随壁面收缩速度比例参数变化的解的存在范围及相应的速度分布，并得出了以下结论：

1）当壁面收缩速度比例参数增加时，边界层无量纲速度将会出现双解直至无解的情况，而且单解和双解的存在范围随各参数值发生相应变化，特别是随着非稳态参数值的增加双解相应于速度比例参数的存在范围逐渐变小直至消失，即不存在双解，对于其他参数也得到了相应的变化特点。

2）通过对于速度分布的分析，发现这类收缩流动当速度滑移参数 h 较小时，靠近壁面处存在回流区域，而随着速度滑移参数 h 增加，回流区域渐渐消失，其原因在于壁面是收缩速度的方向，与边界层外的主流速度方向相反，而且壁面速度滑移的存在使得壁面延伸产生的动量只有部分传递给壁面上的流体。

第3章 纵掠非稳态垂直延伸壁面的 MHD 动量和热边界层

本章将研究非稳态水平延伸壁面上的 MHD 边界层问题,把相应的边界层问题拓展到流体纵掠垂直非稳态延伸壁面上的相关边界层问题,探讨其 MHD 边界层传输行为。

关于垂直延伸壁面上的动量和能量边界层,Karwe 和 Jaluria[117,118]、Al-Sanea[120]、Patil 等[119]用数值方法分析了材料加工中连续运动表面上的混合对流现象,Ishak 等[121]考虑了磁场的影响,Abel 等[122,123]分析了温度浮升力和存在非一致热源情况下的对流传热。

以往很多研究大多都局限于壁面以稳态的速度延伸或常壁温的情况。最近,Mukhopadhyay[124]利用数值方法分析了静止流体中非稳态延伸的垂直壁面和壁面温度随时间变化的流动和传热问题,并讨论了热辐射和抽吸的影响。Kumari 和 Nath[125]利用同伦分析方法和 Keller box 数值方法考虑了磁场和抽吸喷注对静止导电流体中非稳态垂直延伸壁面引起的边界层混合对流的影响。

在以往相关文献的基础上,本章将利用 DTM-BF 方法考虑导电流体纵掠非稳态垂直延伸壁面的边界层的 MHD 混合对流传热问题,并分析壁面速度滑移和温度跳跃、热辐射和热源热汇对边界层内速度场和温度场的影响。

3.1 数学模型

考虑垂直可渗透壁面以速度 $u_w = ax(1-ct)^{-1}$ 延伸,主流速度为 $u_\infty =$

Ru_w，这里 $R\geqslant 0$ 对应于延伸壁面，a，c 为正常数，量纲为 time^{-1}；描述连续性、动量守恒和能量守恒的方程分别为[115]

$$\frac{\partial u}{\partial x}+\frac{\partial v}{\partial y}=0 \qquad (3-1)$$

$$\frac{\partial u}{\partial t}+u\frac{\partial u}{\partial x}+v\frac{\partial u}{\partial y}=-\frac{1}{\rho}\frac{\partial p}{\partial x}+\nu\frac{\partial^2 u}{\partial y^2}-\frac{\sigma B^2}{\rho}u+g\beta_T(T-T_\infty) \qquad (3-2)$$

$$\rho c_p\left(\frac{\partial T}{\partial t}+u\frac{\partial T}{\partial x}+v\frac{\partial T}{\partial y}\right)=\alpha\frac{\partial^2 T}{\partial y^2}-\frac{\partial q_r}{\partial y}+Q(T-T_\infty) \qquad (3-3)$$

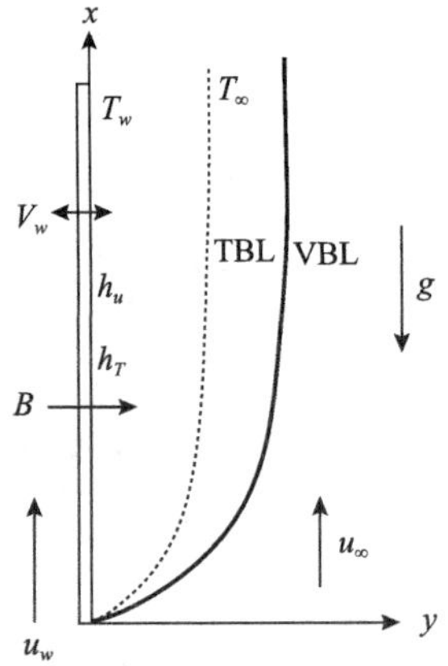

图 3-1 纵掠垂直延伸壁面速度和温度边界层

相应边界条件为

$$y=0: u=u_w+D_u\frac{\partial u}{\partial y},\ v=v_w,\ T=T_w+D_T\frac{\partial T}{\partial y} \qquad (3-4)$$

$$y=\infty: u=u_\infty,\ T=T_\infty \qquad (3-5)$$

其中 $T_w=T_\infty+T_{\text{ref}}(2\nu)^{-1}a[x(1-ct)^{-1}]^2=T_\infty+T_{\text{ref}}\dfrac{u_w^2}{2a\nu}$，这里 T_{ref} 为定常的参考温度；$\dfrac{\partial p}{\partial x}=-\rho\dfrac{\mathrm{d}u_\infty}{\mathrm{d}t}-\rho u_\infty\dfrac{\mathrm{d}u_\infty}{\mathrm{d}x}-\sigma B^2 u_\infty$ 为压力梯度，$D_u=D_{u0}(1-ct)^{\frac{1}{2}}$ 和 $D_T=D_{T0}(1-ct)^{\frac{1}{2}}$ 分别为壁面速度滑移和温度跳跃系数，其中 D_{u0} 和 D_{T0} 表示初始壁面速度和温度系数；$B=B_0 u_w^{\frac{1}{2}}(\nu x)^{-\frac{1}{2}}$ 为外磁场的磁感应强度；Q 是热源和热汇系数；β_T 热膨胀系数；$v_w=-C(\nu u_w)^{\frac{1}{2}}x^{-\frac{1}{2}}$ 是壁面抽吸喷注速度，$C<0$ 对应于壁面喷注，$C>0$ 对应于壁面抽吸；$q_r=-\dfrac{4\sigma^*}{3k^*}\dfrac{\partial T^4}{\partial y}$ 为辐射热流，其中 σ^* 和 k^* 分别表示 Stefan–Boltzman 常数和平均吸收系数，当温差较小时，利用一阶泰勒展开近似 $T^4\approx 4T_\infty^3 T-3T_\infty^4$ 以及下面的相似变换：

$$\eta=u_w^{\frac{1}{2}}(\nu x)^{-\frac{1}{2}}y,\ \psi(x,y)=(\nu x u_w)^{1/2}f(\eta),\ \theta(\eta)=\frac{T-T_\infty}{T_w-T_\infty} \qquad (3-6)$$

可将问题的控制方程式（3-1）~式（3-5）转化为下面耦合的带无界点处

边界条件的边值问题：

$$f''' + ff'' - f'^2 - A\left(f' + \frac{\eta}{2}f'' - R\right) - M(f' - R) + \gamma\theta + R^2 = 0 \quad (3-7)$$

$$Pr^{-1}(1 + Nr)\theta'' + (\lambda - 2A)\theta - \frac{A}{2}\eta\theta' - 2\theta f' + f\theta' = 0 \quad (3-8)$$

边界条件为

$$f(0) = C,\ f'(0) = 1 + h_u f''(0),\ \theta(0) = 1 + h_T \theta'(0) \quad (3-9)$$

$$f'(\infty) = R,\ \theta(\infty) = 0 \quad (3-10)$$

这里 $A = c/a$ 为非稳态参数，$\gamma = \dfrac{g\beta_T(T_w - T_\infty)x^3}{\nu^2}$ 为混合对流参数，$Pr = \dfrac{\mu c_p}{\alpha}$ 为 Prandtl 数，$Nr = \dfrac{16T_\infty^3 \sigma^*}{3k^*\alpha}$ 为热辐射参数，$\lambda = \dfrac{Q\alpha Re_x}{\mu c_p Re_\alpha^2}$ 为热源参数（当 $\lambda > 0$ 对应于热源，$\lambda < 0$ 对应于热汇），$M = \dfrac{\sigma B_0^2}{\rho\nu}$ 是磁场参数，$h_u = D_{u0}(a\nu^{-1})^{\frac{1}{2}}$ 为无量纲速度滑移参数，$h_T = D_{T0}(a\nu^{-1})^{\frac{1}{2}}$ 为无量纲温度跳跃参数。

边界层问题的壁摩擦系数 C_f 和局部 Nusselt 数 Nu_x 定义如下：

$$C_f = \frac{\tau_w}{\rho u_w^2/2},\quad Nu_x = \frac{xq_w}{\alpha(T_w - T_\infty)} \quad (3-11)$$

这里壁面剪切力 τ_w 和壁面热流量 q_w 为

$$\tau_w = \mu\left(\frac{\partial u}{\partial y}\right)_{y=0},\quad q_w = -\alpha\left(\frac{\partial T}{\partial y}\right)_{y=0} \quad (3-12)$$

根据式（3-6）的相似变换可得

$$\frac{1}{2}C_f Re_x^{\frac{1}{2}} = f''(0),\quad Nu_x/Re_x^{\frac{1}{2}} = -\theta'(0) \quad (3-13)$$

3.2 DTM-BF 求解析解

对壁面延伸或静止的情况即当 $R \geq 0$ 时，先利用 DTM 求式（3-7）和式（3-8）在下面初值条件下的幂级数形式解：

$$f(0) = C,\ f'(0) = 1 + 2h_u\beta_1,\ f''(0) = 2\beta_1 \quad (3-14)$$

$$\theta(0) = 1 + h_\eta \beta_2, \quad \theta'(0) = \beta_2 \quad (3-15)$$

对应的微分变换为

$$F(0) = C, \quad F(1) = 1 + 2h_u \beta_1, \quad F(2) = \beta_1 \quad (3-16)$$

$$\Theta(0) = 1 + h_T \beta_2, \quad \Theta(1) = \beta_2 \quad (3-17)$$

对方程（3-7）和方程（3-8）实施微分变换，可得迭代公式：

$$F(k+3) = \frac{1}{(k+1)(k+2)(k+3)} \Big\{ \Big(A + M + \frac{kA}{2}\Big)(k+1)F(k+1)$$

$$- (AR + MR + R^2)\delta(k) + \gamma\Theta(k) + \sum_{i=0}^{k} [(i+1)(k-i+1)$$

$$F(i+1)F(k-i+1) - (k-i+1)(k-i+2)F(i)$$

$$\times F(k-i+2)] \Big\}$$

$$\Theta(k+2) = \frac{-Pr}{(k+1)(k+2)(1+Nr)} \Big\{ (\lambda - 2A)\Theta(k) - \frac{A}{2}k\Theta(k)$$

$$+ \sum_{i=0}^{k} [-(k-i+1)\Theta(i) \times F(k-i+1)$$

$$+ (k-i+1)F(i)\Theta(k-i+1)] \Big\} \quad (3-18)$$

利用式（3-16）、式（3-17）和上面的迭代公式，可计算出所有的 $F(k)$ 和 $\Theta(k)$ 项，这样幂级数形式的初值问题的解为

$$f(\eta) = \sum_{k=0}^{\infty} F(k)\eta^k \cong \sum_{k=0}^{n} F(k)\eta^k \quad (3-19)$$

$$\theta(\eta) = \sum_{i=0}^{\infty} \Theta(i)\eta^i \cong \sum_{i=0}^{m} \Theta(i)\eta^i \quad (3-20)$$

根据方程（3-7）、方程（3-8）和边界条件式（3-9）和式（3-10），选择下面形式的基函数集：

$$\{f_{0,0}(\eta), f_{i,j}(\eta)_{(i=1,2,3,\cdots,j=2,3,\cdots,)}\} \text{ 和 } \{\theta_{0,0}(\eta), \theta_{i,j}(\eta)_{(i=1,2,\cdots,j=1,2,\cdots,)}\}$$

这里 $f_{i,j}(\eta) = \eta^j e^{ia_0\eta}$，$\theta_{i,j}(\eta) = \eta^j e^{i\gamma_0\eta}$，并将边值问题的解 $f(\eta)$ 用基函数表示为线性组合：

$$f(\eta) \approx f_{N_1,N_2}(\eta) = f_{0,0}(\eta) + \sum_{j=3}^{N_1}\sum_{i=1}^{N_2} b_{i,j}f_{i,j}(\eta) = f_{0,0}(\eta) + \sum_{j=3}^{N_1}\sum_{i=1}^{N_{j,2}} b_{i,j}\eta^j e^{ia_0\eta}$$

$$(3-21)$$

$$\theta(\eta) \approx \theta_{N_3,N_4}(\eta) = \theta_{0,0}(\eta) + \sum_{j=2}^{N_3}\sum_{i=2}^{N_4} d_{i,j}\theta_{i,j}(\eta) = \theta_{0,0}(\eta) + \sum_{j=2}^{N_3}\sum_{i=1}^{N_{j,4}} d_{i,j}\eta^j e^{i\gamma_0 \eta}$$

(3-22)

其中 $f_{0,0}(\eta) = C - H + R\eta + He^{a_0\eta} + b_1\eta e^{a_0\eta} + b_2\eta^2 e^{a_0\eta}$，$\theta_{0,0}(\eta) = Le^{\gamma_0\eta} + d_1\eta e^{\gamma_0\eta}\left(H = \dfrac{1 + 2h_u b_0 a_0 + 2b_2 h_u - b_0 - R}{a_0 - h_u a_0^2}, L = \dfrac{1 + h_T d_1}{1 - h_T \gamma_0}\right)$ 分别满足非齐次边界条件式（3-9）和式（3-10）。$f_{i,j}(\eta) = b_{i,j}\eta^j e^{ia_0\eta}$（$i = 1, 2, 3, \cdots; j = 3, 4, \cdots$）和 $\theta_{i,j}(\eta) = d_{i,j}\eta^j e^{i\gamma_0\eta}$（$i = 1, 2, 3, \cdots; j = 2, 3, \cdots$）分别满足下面的齐次边界条件：

$$f(0) = 0, \ f'(0) = 0, \ f'(\infty) = 0, \quad (3-23)$$

$$\theta(0) = 0, \ \theta'(\infty) = 0, \quad (3-24)$$

这里 $a_0 < 0$ 和 $\gamma_0 < 0$ 是两个待定的衰减参数，在这里选取 $N_1 = 4$，$N_2 = 3$，$N_{j,2} = 2(j = 3, 4)$，$N_{2,4} = 3$，$N_{3,4} = 2$。将式（3-21）和式（3-22）展开为幂级数形式：

$$f(\eta) = C - H + R\eta + \left(\frac{Ha_0^2}{2!} + b_1 a_0 + b_2\right)\eta^2 + \left(\frac{Ha_0^3}{3!} + \frac{b_1 a_0^2}{2!} + b_2 a_0 + \sum_{i=1}^{2} b_{i,3}\right)\eta^3$$

$$+ \left(\frac{Ha_0^4}{4!} + \frac{b_1 a_0^3}{3!} + \frac{b_2 a_0^2}{2!} + \sum_{i=1}^{2} ia_0 b_{i,3} + \sum_{i=1}^{2} b_{i,4}\right)\eta^4 + \cdots \quad (3-25)$$

$$\theta(\eta) = L + (L\gamma_0 + d_1)\eta^2 + \left(\frac{L\gamma_0^2}{2!} + d_1\gamma_0 + \sum_{i=1}^{3} d_{i,2}\right)\eta^2 + \left(\frac{L\gamma_0^3}{3!} + \frac{d_1\gamma_0^2}{2!} + \sum_{i=1}^{3} i\gamma_0 d_{i,2}\right)$$

$$+ \sum_{i=1}^{2} d_{i,3}\bigg)\eta^3 + \left(\frac{L\gamma_0^4}{4!} + \frac{d_1\gamma_0^3}{3!} + \sum_{i=1}^{3}\frac{(i\gamma_0)^2 d_{i,2}}{2!} + \sum_{i=1}^{2} i\gamma_0 d_{i,3}\right)\eta^4 + \cdots$$

(3-26)

将边值问题和其对应的初值问题进行匹配，根据方程（3-19）、方程（3-20）、方程（3-25）和方程（3-26）能建立下面的方程：

$$\sum_{i=0}^{\infty} F(i)\eta^i = C - H + R\eta + \left(\frac{Ha_0^2}{2!} + b_1 a_0 + b_2\right)\eta^2$$

$$+ \left(\frac{Ha_0^3}{3!} + \frac{b_1 a_0^2}{2!} + b_2 a_0 + \sum_{i=1}^{2} b_{i,3}\right)\eta^3 + \cdots$$

$$\sum_{i=0}^{\infty} \Theta(i)\eta^i = L + (L\gamma_0 + d_1)\eta + \left(\frac{L\gamma_0^2}{2!} + d_1\gamma_0 + \sum_{i=1}^{3} d_{i,2}\right)\eta^2$$

$$+ \left(\frac{L\gamma_0^3}{3!} + \frac{d_1\gamma_0^2}{2!} + \sum_{i=1}^{3} i\gamma_0 d_{i,2} + \sum_{i=1}^{2} d_{i,3} \right)\eta^3 + \cdots \quad (3-27)$$

比对式（3-27）左右两边相同幂次的系数可得下面的代数方程组：

$$\frac{Ha_0^2}{2!} + b_1 a_0 + b_2 = F(2)$$

$$\frac{Ha_0^3}{3!} + \frac{b_1 a_0^2}{2!} + b_2 a_0 + \sum_{i=1}^{2} b_{i,3} = F(3)$$

$$\frac{Ha_0^j}{j!} + \frac{b_1 a_0^{j-1}}{(j-1)!} + \frac{b_2 a_0^{j-2}}{(j-2)!} + \sum_{i=1}^{2} \frac{(ia_0)^{j-3} b_{i,3}}{(j-3)!} + \sum_{i=1}^{2} \frac{(ia_0)^{j-4} b_{i,4}}{(j-4)!} = F(j)$$

$$(j = 4,5,6,7,8,9)$$

$$L\gamma_0 + d_1 = \Theta(1)$$

$$\frac{L\gamma_0^2}{2!} + d_1 \gamma_0 + \sum_{i=1}^{3} d_{i,2} = \Theta(2)$$

$$\frac{L\gamma_0^j}{j!} + \frac{d_1 \gamma_0^{j-1}}{(j-1)!} + \sum_{i=1}^{3} \frac{(i\gamma_0)^{j-2} d_{i,2}}{(j-2)!} \gamma_0 d_{i,2} + \sum_{i=1}^{2} \frac{(i\gamma_0)^{j-3} d_{i,3}}{(j-3)!} = \Theta(j)$$

$$(j = 3,4,5,6,7,8) \quad (3-28)$$

通过求解上面的代数方程即可确定全部待定系数即 $\beta_1 = f''(0)/2$，$\beta_2 = \theta'(0)$，a_0，γ_0，b_1，b_2，$b_{i,j}(i=1,2, j=3,4)$，d_1，$d_{i,2}(i=1,2,3)$ 和 $d_{i,3}$ ($i=1,2$)，这样就可得到所求耦合的边值问题式（3-7）~式（3-10）的近似解析解。例如当 $h_u = 0.1$，$h_T = 0.1$，$C = 0.5$，$A = 1.2$，$M = 1$，$R = 2$，$Nr = 1$，$Pr = 1$，$\gamma = 1$ 和 $\lambda = -1$ 时求得 DTM-BF 近似解析解为

$$f(\eta) = 0.2706846474 + 2\eta + 0.2293153526 e^{a_0\eta} - 0.1218970384 \eta e^{a_0\eta}$$
$$- 0.08994285063 \eta^2 e^{a_0\eta} + \eta^3 (0.05194808802 e^{a_0\eta} + 0.001149181495 e^{2a_0\eta})$$
$$+ \eta^4 (0.03739482413 e^{a_0\eta} + 0.0007061715022 e^{2a_0\eta}),$$

$$\theta(\eta) = 0.8475608399 e^{\gamma_0\eta} - 0.1259578390 \eta e^{\gamma_0\eta} + \eta^2 (-0.1968616308 e^{\gamma_0\eta}$$
$$+ 0.006710952631 e^{2\gamma_0\eta} - 0.0007715643591 e^{3\gamma_0\eta}) + \eta^4 (0.05523751050 e^{\gamma_0\eta}$$
$$+ 0.01023535446 e - 1 e^{2\gamma_0\eta}),$$

其中 $a_0 = -2.815590725$ 和 $\gamma_0 = -1.649950889$，求得的壁面摩擦系数和壁面温度梯度分别为 $f''(0) = 1.162223911$，$\theta'(0) = -1.524391601$。

3.3 结果分析

1. DTM-BF 解析解的有效性验证

为了验证所得 DTM-BF 近似解析解结果的有效性，利用文献［62］中使用的数值打靶法对边值问题式（3-7）~式（3-10）进行数值求解，将各个物理参数即速度滑移参数 h_u，温度跳跃参数 h_T，非稳态参数 A，抽吸喷注参数 C，磁场参数 M，速度比例参数 R，辐射参数 Nr，热源或热汇参数 λ，混合对流参数 γ 和 Prandtl 数 Pr 的值变化时所得到的 DTM-BF 结果和数值解结果进行了对比。

表 3-1 和表 3-2 分别是求得在不同滑移速度参数值和不同温度跳跃参数值条件下对应的壁摩擦系数 $f''(0)$ 和壁面温度梯度 $\theta'(0)$ 值 DTM-BF 结果和数值解结果的对照，可以看出 DTM-BF 结果和数值解结果之间相对误差（相对误差 =｜(解析结果 - 数值结果)/数值结果｜）最大值为 0.290%；另外，图 3-2~图 3-14 提供了对于非稳态延伸壁面上的流动和热边界层中的不同物理参数变化时所对应的无量纲水平速度 $f'(\eta)$ 和无量纲温度 $\theta(\eta)$ 分布曲线的 DTM-BF 和数值解结果的对照图，从这些图可以看出：对于各个不同参数值，利用 DTM-BF 方法得到的近似解析解和数值解都高度吻合，这些进一步验证了 DTM-BF 解析求解结果具有很好的精度，表明 DTM-BF 是求解此类比较复杂的无界区域上非线性边值问题的近似解析解的很有效而且较可靠的方法。

表 3-1 当 $h_T=0.1$，$\gamma=1$，$\lambda=-1.0$，$Pr=1.0$，$M=1$，$C=0.5$，$R=2$，$Nr=1$，$A=1.2$ 时，不同 h_u 值对应的壁摩擦系数和壁面温度梯度的解析解和数值解结果

h_u	$f''(0)$			$-\theta'(0)$		
	解析解	数值解	相对误差	解析解	数值解	相对误差
0.0	2.92172	2.92323	0.052%	1.50282	1.50286	0.003%
0.1	2.32445	2.32530	0.037%	1.52439	1.52413	0.017%
0.3	1.63522	1.63547	0.015%	1.54775	1.54733	0.027%

续表

h_u	$f''(0)$			$-\theta'(0)$		
	解析解	数值解	相对误差	解析解	数值解	相对误差
0.5	1.25659	1.25661	0.002%	1.55996	1.55946	0.032%
1.0	0.79330	0.79316	0.018%	1.57439	1.57375	0.041%
2.0	0.45559	0.45549	0.022%	1.58453	1.58384	0.044%
5.0	0.19922	0.19980	0.290%	1.59118	1.59138	0.012%

表 3-2　当 $h_u = 0.1$，$\gamma = 1$，$\lambda = -1.0$，$Pr = 1.0$，$M = 1$，$C = 0.5$，$R = 2$，$Nr = 1$ 和 $A = 1.2$ 时，不同 h_T 值对应的 $f''(0)$ 和 $-\theta'(0)$ 值的解析解结果和数值解结果

h_T	$f''(0)$			$-\theta'(0)$		
	解析解	数值解	相对误差	解析解	数值解	相对误差
0	2.35425	2.35500	0.032%	1.79981	1.79943	0.021%
0.2	2.30252	2.30345	0.040%	1.32226	1.32207	0.014%
0.4	2.27241	2.27342	0.044%	1.04529	1.04517	0.011%
0.7	2.24519	2.24627	0.048%	0.79553	0.79546	0.009%
1.0	2.22855	2.22955	0.045%	0.64216	0.64212	0.006%
2.0	2.20234	2.20211	0.011%	0.39099	0.39098	0.003%

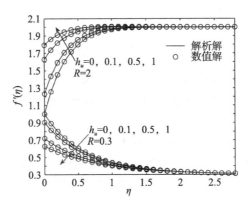

图 3-2　当 $h_T = 0.1$，$\gamma = 1$，$\lambda = -1.0$，$Pr = 1.0$，$M = 1$，$C = 0.5$，$Nr = 1$，$A = 1.2$ 时，对于参数 h_u 和 R 的不同值，无量纲水平速度 $f'(\eta)$ 对照图

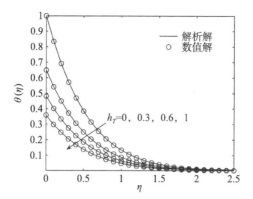

图 3-3 当 $h_u=0.1$, $\gamma=1$, $\lambda=-1.0$, $Pr=1.0$, $M=1$, $C=0.5$, $R=2$, $Nr=1$, $A=1.2$ 时，对于参数 h_T 和的不同值，无量纲温度 $\theta(\eta)$ 对照图

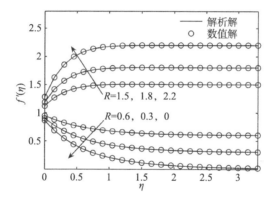

图 3-4 当 $h_u=0.1$, $h_T=0.1$, $\gamma=1$, $\lambda=-1.0$, $Pr=1.0$, $M=1$, $C=0.5$, $Nr=1$, $A=1.2$ 时，对于参数 R 的不同值，无量纲水平速度 $f'(\eta)$ 对照图

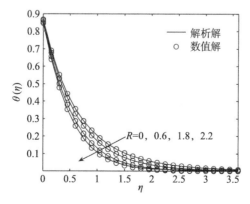

图 3-5 当 $h_u=0.1$, $h_T=0.1$, $\gamma=1$, $\lambda=-1.0$, $Pr=1.0$, $M=1$, $C=0.5$, $Nr=1$, $A=1.2$ 时，对于参数 R 的不同值，无量纲温度 $\theta(\eta)$ 对照图

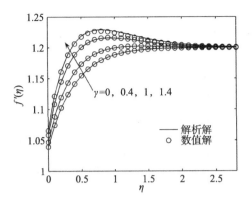

图 3-6　当 $h_u=0.1$, $h_T=0.1$, $\lambda=-1.0$, $Pr=1.0$, $M=1$, $C=0.5$, $Nr=1$, $A=1.2$, $R=1.2$ 时，对于参数 γ 的不同值，无量纲水平速度 $f'(\eta)$ 对照图

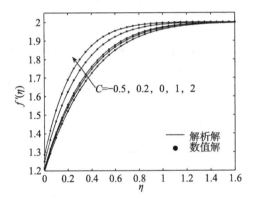

图 3-7　当 $h_u=0.1$, $h_T=0.1$, $\lambda=-1.0$, $Pr=1.0$, $M=1$, $Nr=1$, $\gamma=1$, $R=2$ 和 $A=1.2$ 时，对于参数 C 的不同值，无量纲水平速度 $f'(\eta)$ 对照图

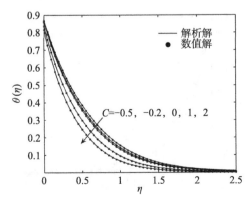

图 3-8　当 $h_u=0.1$, $h_T=0.1$, $\lambda=-1.0$, $Pr=1.0$, $M=1$, $Nr=1$, $\gamma=1$, $R=2$ 和 $A=1.2$ 时，对于参数 C 的不同值，无量纲温度 $\theta(\eta)$ 对照图

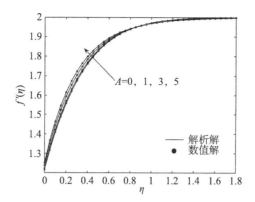

图 3-9 当 $h_u=0.1$, $h_T=0.1$, $\gamma=1$, $\lambda=-1.0$, $Pr=4.0$, $M=1$, $C=0.5$, $Nr=1$, $R=2$ 时,对于参数 A 的不同值,无量纲水平速度 $f'(\eta)$ 对照图

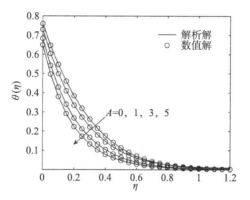

图 3-10 当 $h_u=0.1$, $h_T=0.1$, $\gamma=1$, $\lambda=-1.0$, $Pr=4.0$, $M=1$, $C=0.5$, $Nr=1$, $R=2$ 时,对于参数 A 的不同值,无量纲温度 $\theta(\eta)$ 对照图

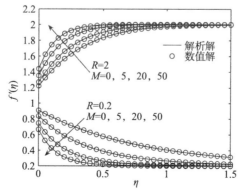

图 3-11 当 $h_u=0.1$, $h_T=0.1$, $\lambda=-1.0$, $Pr=1.0$, $Nr=1$, $\gamma=1$, $A=1.2$, $C=0.5$ 时,对于参数 M 和 R 的不同值,无量纲水平速度 $f'(\eta)$ 对照图

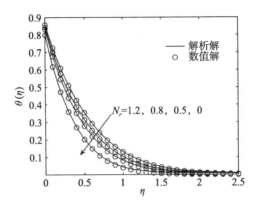

图 3–12 当 $h_u=0.1$, $h_T=0.1$, $\lambda=-1.0$, $Pr=1.0$, $M=1$, $R=2$, $\gamma=1$, $A=1$, $C=0.5$ 时,对于参数 Nr 的不同值,无量纲温度 $\theta(\eta)$ 对照图

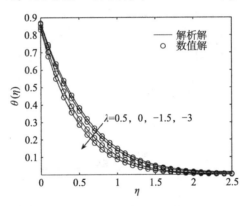

图 3–13 当 $h_u=0.1$, $h_T=0.1$, $Nr=1.0$, $Pr=1.0$, $M=1$, $R=2$, $\gamma=1$, $A=1$, $C=0.5$ 时,对于参数 λ 的不同值,无量纲温度 $\theta(\eta)$ 对照图

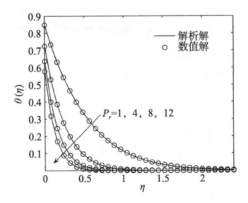

图 3–14 当 $h_u=0.1$, $h_T=0.1$, $Nr=1.0$, $\lambda=-1$, $M=1$, $R=2$, $\gamma=1$, $A=1.2$, $C=0.5$ 时,对于参数 Pr 的不同值,无量纲温度 $\theta(\eta)$ 对照图

2. 各参数的影响

表 3-1、表 3-2 和图 3-2 以及图 3-3 显示了速度滑移参数 h_u 和温度跳跃参数 h_T 对流动和传热的影响。从表 3-1 和图 3-2 可以看出随着速度滑移参数 h_u 的增加，壁摩擦系数 $f''(0)$ 和动量边界层厚度快速的递减。这是因为存在壁面速度滑移时，基于壁面延伸产生的动量只有部分传递到壁面附近的流体中。此外，还可以得出，壁面速度滑移增加导致了壁面和流体间摩擦阻力的减少。从表 3-2 和图 3-3 可以看到当温度跳跃参数 h_T 增加时，壁面温度梯度 $-\theta'(0)$ 和温度边界层也有类似的变化，因此温度跳跃参数对降低壁面到流体热传输效率有重要的影响。

从图 3-4 和图 3-5 可以看出速度比例参数 R 对速度和温度分布的影响。当 $R \in [0,1)$ 或 $R > 1$ 时均有 R 的增加使得边界层速度梯度增加。对边界层内流体的速度，当 $R \in [0,1)$ 时随着 R 增加递减；与之相反，当 $R > 1$ 时随着的 R 增加而增加。另外，当 $R \geq 0$ 时均有：温度均随 R 增加而递减，温度梯度随 R 增加而增加。

图 3-6 描绘了混合对流参数 γ 对速度分布的影响，可以看出图中当 $\gamma = 1.4$ 时取得最大速度峰值，然后速度递减到主流速度；当无热浮力时速度取得最小速度峰值；这是因为随着 γ 的增加，热浮力提高了流动速度，增加了边界层厚度。

图 3-7 和图 3-8 展现了抽吸和喷注参数 C 对速度和温度分布的影响。从图中容易看出随着参数 C 的增加速度梯度和温度梯度均增加，并且喷注增加了动量和温度边界层的厚度，减小了速度和温度梯度，而抽吸的作用与喷注的作用有着相反的影响。

图 3-9 和图 3-10 描绘了对非稳态参数 A 的不同值的速度和温度分布，揭示了参数 A 的增加将增加速度梯度，降低边界层厚度。对所有考虑参数 A 值的情况，A 值的增加有着减少温度边界层的厚度，增加温度梯度的趋势。

由图 3-11 可以看出当 $R = 2$ 和 $R = 0.2$ 两种情况下磁场参数对速度分

布的影响。速度分布曲线说明了 M 值的增加将减小速度边界层厚度,增加边界层内的速度梯度,这是因为磁场的变化将导致其产生的一个流动的阻力即洛伦兹力变化,它随着磁场参数 M 值的增加而增加。

图 3-12 和图 3-14 分别展示了辐射参数 Nr、热源热汇参数 λ 和 Prandtl 数对温度分布的影响,从这些图可以看出当 Prandtl 数增加时温度边界层厚度将减小,同时温度将降低分布。另外,随着辐射参数 Nr 和热源热汇参数 λ 增加时可以看到相反的影响。

3.4 小 结

本章研究了非稳态延伸垂直壁面上的 MHD 边界层问题,将 DTM-BF 解析方法应用于耦合的非线性控制方程的求解,同时也提供了数值打靶法的相应求解结果,并对两者进行了对比,所得到的结果显示两者均吻合很好,相对误差很小,证实了 DTM-BF 求解此类耦合的非线性问题的可靠性,同时也得到了相应于不同参数值变化的速度和温度分布图。各物理参数对此边界层内动量和能量传输行为的主要影响归纳如下:

1) 非稳态参数的递增将导致垂直延伸壁面上 MHD 对流边界层内的速度和温度梯度递增,相应速度和温度边界层的厚度相应递减;相对而言,非稳态参数对速度的影响要比对温度的影响明显。

2) 磁场的施加也使得动量边界层的厚度递减,对于给定的参数磁场的变化对温度的影响较小。

3) 壁面速度滑移和温度跳跃对速度场和温度场的影响较大,壁面速度滑移参数的增加使得壁摩擦系数 $f''(0)$ 和动量边界层厚度快速的递减;当温度跳跃参数增加时,壁面温度梯度 $-\theta'(0)$ 和温度边界层也有类似的变化。这表明当存在壁面速度滑移和温度跳跃时,壁面的动量和热量只有部分传递到壁面附近的流体中,温度跳跃参数对降低壁面到流体的热传输效率有重要的影响。

4）随着混合对流参数 γ 的增加，发现速度不是单调的趋于主流速度，而是可能先单调趋于一个最值然后再单调地趋于主流速度；而对于较小的混合对流参数 γ 值边界层内速度将单调地趋于主流速度。

5）其他物理参数变化时产生的效果与第 2 章水平壁面的相应结果类似。

第 4 章 霍尔效应条件下非稳态水平延伸壁面上的 MHD 动量和热边界层

在第 2 章和第 3 章中,我们考虑了非稳态延伸或收缩壁面上的 MHD 边界层流动和传热问题,在分析过程中,假设是在磁场较弱或一般强度下,相比其他影响因素在应用欧姆定律时忽略了霍尔项。然而,在电磁力动力学的实际应用中很多是针对强磁场或密度较小的导电流体的,在磁场较强或导电流体譬如电离流体密度较小的情况下,霍尔电流和离子滑移对导电流体电流密度的大小和方向有着较强的影响。在霍尔效应下的磁流体对流和热传输在磁流体发电、磁流体加速器、制冷盘管、电力传输设备和制热部件等方面有着重要的应用[129-139]。

目前对于霍尔效应下导电流体在延伸壁面上的边界层流动和传热问题,相关的研究较少,最近几年,Abo–Eldahab 和 Salem[140]以及 Abo–Eldahab 和 Abd–El–Aziz[141]研究了霍尔效应对稳态延伸壁面上的自然对流的影响。Abo–Eldahab 等[142]和 Salem 等[143]研究了考虑霍尔和离子滑移电流情况下的稳态延伸壁面边界层流动问题,并讨论了热源热汇作用下的温度边界层特点;在边界层温度传输只考虑热传导的情况下,Mohamed Abd El–Aziz[144]将上述问题推广到壁面为非稳态延伸的情况,忽略了离子滑移的作用。

本章在相关文献的基础上,研究在强磁场作用下,霍尔电流和离子滑移电流对非稳态延伸壁面边界层流动和传热的影响,通过引入相似变换将方程组转化为常微分方程组的边值问题,探讨当壁面存在速度滑移和温度跳跃情况下,霍尔电流和离子滑移效应以及各物理参数对速度和温度场的影响。

第4章 霍尔效应条件下非稳态水平延伸壁面上的MHD动量和热边界层

4.1 数学模型

考虑霍尔效应条件下静止流体中非稳态水平延伸壁面上的流动和传热问题，壁面以速度 $u_w = ax(1-ct)^{-1}$ 延伸，这里 a，c 为正常数，量纲为 time^{-1}，且 $ct<1$；壁面的温度分布函数为 $T_w = T_\infty + T_{\text{ref}} \dfrac{u_w^2}{2a\nu}$，其中 T_{ref} 为定常的参考温度；外磁场沿着 y 轴方向磁感应强度为 $\vec{B}$，如图 4-1 所示。假设 $Re_m \ll 1$，忽略诱导磁场。在霍尔效应条件下，霍尔电流将产生一个 z 轴方向的力，这将引起一个 z 轴方向的流动，使得流动为三维流动。根据包含霍尔电流的欧姆定律：

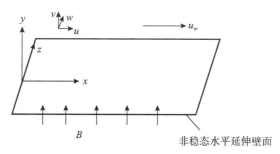

图 4-1 霍尔效应条件下非稳态水平延伸壁面上的边界层流动和热传输

$$\vec{J} = \sigma\left[\vec{E} + \vec{V}\times\vec{B} - \beta(\vec{J}\times\vec{B}) + \frac{\beta Bi}{B}(\vec{J}\times\vec{B})\times\vec{B}\right] \quad (4-1)$$

这里 $\vec{J} = (J_x, J_y, J_z)$ 是电流密度矢量，$\vec{V}$ 是速度矢量，$\vec{E}$ 是电场矢量，$\vec{B} = (0, B, 0)$ 为磁感应强度矢量，σ 是介质电导率，β 是霍尔因子，Bi 是离子滑移参数，假设壁面是非导电的绝缘体，流场没有施加外电场，壁面在 z 轴方向无限大，这样可以假定 z 轴方向的流动性质不发生变化。基于以上假设在流场各处均有 $J_y = 0$，通过从方程 (4-1) 求解电流密度 $\vec{J}$ 可得

$$\vec{J}\times\vec{B} = \frac{\sigma B^2}{(1+BiBe)^2 + Be^2}\left\{\left[(1+BiBe)u + Bew\right]\vec{i} + \left[(1+BiBe)w - Beu\right]\vec{k}\right\}$$

$$(4-2)$$

这里 $Be = \sigma\beta B$ 为霍尔参数，描述连续性、动量和能量守恒的方程分别为[205]

$$\frac{\partial u}{\partial x} + \frac{\partial v}{\partial y} = 0 \quad (4-3)$$

$$\frac{\partial u}{\partial t} + u\frac{\partial u}{\partial x} + v\frac{\partial u}{\partial y} = \nu\frac{\partial^2 u}{\partial y^2} - \frac{\sigma B^2}{\rho[(1+BiBe)^2 + Be^2]}[(1+BiBe)u + Bew] \quad (4-4)$$

$$\frac{\partial w}{\partial t} + u\frac{\partial w}{\partial x} + v\frac{\partial w}{\partial y} = \nu\frac{\partial^2 w}{\partial y^2} + \frac{\sigma B^2}{\rho[(1+BiBe)^2 + Be^2]}[Beu - (1+BiBe)w] \quad (4-5)$$

$$\rho c_p\left(\frac{\partial T}{\partial t} + u\frac{\partial T}{\partial x} + v\frac{\partial T}{\partial y}\right) = \alpha\frac{\partial^2 T}{\partial y^2} + \frac{\sigma B^2}{\rho[(1+BiBe)^2 + Be^2]}(u^2 + w^2) \quad (4-6)$$

相应边界条件为

$$y = 0: \ u = u_w + D_u \partial u/\partial y, \ v = v_w, \ w = 0, \ T = T_w + D_T \partial T/\partial y \quad (4-7)$$

$$y = \infty: \ u = 0, \ w = 0, \ T = T_\infty \quad (4-8)$$

其中，$D_u = D_{u0}(1-ct)^{1/2}$ 和 $D_T = D_{T0}(1-ct)^{1/2}$ 分别为壁面速度滑移和温度跳跃系数，$B = B_0 u_w^{1/2}(\nu x)^{-1/2}$ 为 y 方向磁感应强度。

引入下面的相似变量：

$$u = u_w f'(\eta), \ v = -(\nu u_w)\frac{1}{2}x^{-\frac{1}{2}}f(\eta), \ w = u_w g(\eta)$$

$$\eta = \left(\frac{u_w}{\nu x}\right)^{1/2} y, \ \theta = \frac{T - T_\infty}{T_w - T_\infty} \quad (4-9)$$

利用式（4-9），方程（4-3）~方程（4-8）可转化为

$$f''' + ff'' - f'^2 - A\left(f' + \frac{\eta}{2}f''\right) - \frac{M}{[(1+BiBe)^2 + Be^2]}[(1+BiBe)f' + Beg] = 0 \quad (4-10)$$

$$g'' + fg' - f'g - A\left(g + \frac{\eta}{2}g'\right) - \frac{M}{[(1+BiBe)^2 + Be^2]}[(1+BiBe)g - Bef'] = 0 \quad (4-11)$$

$$Pr^{-1}\theta'' - A\left((2\theta + \frac{1}{2}\eta\theta')\right) + Ec\frac{M}{[(1+BiBe)^2 + Be^2]}(f'^2 + g^2) - 2\theta f' + f\theta' = 0 \quad (4-12)$$

边界条件为

$$f(0)=0, f'(0)=1+h_u f''(0), \theta(0)=1+h_T \theta'(0), g(0)=0 \tag{4-13}$$

$$f'(\infty)=0, \theta(\infty)=0, g(\infty)=0 \tag{4-14}$$

这里 $A=c/a$ 为非稳态参数，当 $A=0$ 时对应于稳态情况下的流动和传热；$h_u=D_{u0}(a\nu^{-1})^{1/2}$ 为无量纲速度滑移参数，$h_T=D_{T0}(a\nu^{-1})^{1/2}$ 为温度跳跃参数。$Pr=\mu c_p/\alpha$，$Nr=16k^*\alpha/(3\sigma^* T_\infty^3)$，$M=\sigma B_0^2/(\rho\nu)$ 和 $Ec=u_w^2/(c_p(T_w-T_\infty))$ 分别为 Prandtl 数、热辐射参数、磁场参数和局部 Eckert 数。

4.2 问题的求解

由于式（4-10）~式（4-14）为 3 个耦合的非线性微分方程边值问题，利用 DTM-BF 对问题进行求解时得到的代数方程的未知系数比较多，求解比较困难，这里对此问题采用打靶法进行数值求解。将边值问题式（4-10）~式(4-14) 先转化为下面一阶微分方程组的初值问题：

$$f'=f_1, f'_1=f_2, \theta=f_3, f'_3=f_4, g=f_5, f'_5=f_6$$

$$f'_2=-ff_2+f_1^2+A\left(f_1+\frac{\eta}{2}f_2\right)+\frac{M}{[(1+BiBe)^2+Be^2]}[(1+BiBe)f_1+Bef_5]$$

$$f'_4=Pr\left\{A\left(2f_3+\frac{1}{2}\eta f_4\right)-Ec\frac{M}{[(1+BiBe)^2+Be^2]}(f_1^2+f_5^2)+2f_3 f_1-ff_4\right\}=0$$

$$f'_6=-ff_6+f_1 f_5+A\left(f_5+\frac{\eta}{2}f_6\right)-\frac{M}{[(1+BiBe)^2+Be^2]}[(1+BiBe)f_5-Bef_1]$$

$$\tag{4-15}$$

相应初值条件为

$$f(0)=0, f_1(0)=1+h_u f_2(0), f_2(0)=\alpha_1, f_3(0)=1+h_T f_4(0)$$

$$f_4(0)=\alpha_2, f_5(0)=0, f_6(0)=\alpha_3 \tag{4-16}$$

对于给定的参数值，先选择合适的 α_1，α_2 和 α_3 的初始猜测值，采用割线迭代利用四阶 Runge-Kutta 法迭代求解初值问题式（4-15）和式（4-16），以至满足边界条件 $f'(\eta_\infty)=1$，$g(\eta_\infty)=0$ 和 $\theta(\eta_\infty)=1$，步长 $\Delta\eta$ 取为 0.01，误差精度小于 10^{-4}。

4.3 结果分析

通过对相似解方程（4-10）~方程（4-14）的求解，得到了考虑霍尔电流和离子滑移影响下，静止流体中非稳态延伸壁面存在速度滑移和温度跳跃时，相应于非稳态参数 A、磁场参数 M、霍尔参数 Be 和离子滑移参数 Bi 变化的速度和温度分布，分别如图 4-2 ~ 图 4-5 所示，从这些图可以看到在无外磁场或霍尔参数 Be 为 0 时沿 z-轴向速度 $g(\eta)$ 恒为 0，即不存在，但当外磁场且霍尔参数 Be 不为 0 时沿 z-轴向速度 $g(\eta)$ 均是在距离壁面一定的高度单调增加到一个最大值，然后随着离壁面距离的增加逐渐趋于 0。

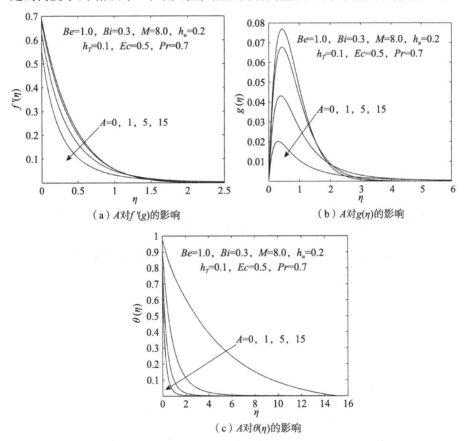

图 4-2 非稳态参数 A 对 $f'(\eta)$、$g(\eta)$ 和 $\theta(\eta)$ 的影响

第 4 章 霍尔效应条件下非稳态水平延伸壁面上的 MHD 动量和热边界层

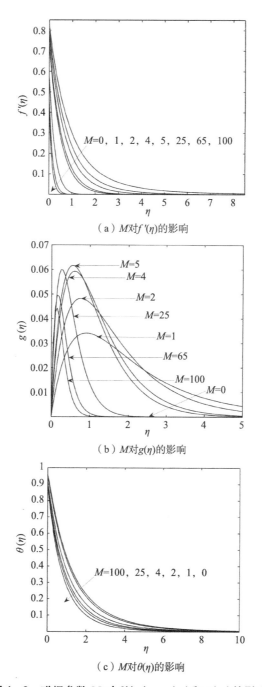

(a) M 对 $f'(\eta)$ 的影响

(b) M 对 $g(\eta)$ 的影响

(c) M 对 $\theta(\eta)$ 的影响

图 4-3 磁场参数 M 对 $f'(\eta)$、$g(\eta)$ 和 $\theta(\eta)$ 的影响

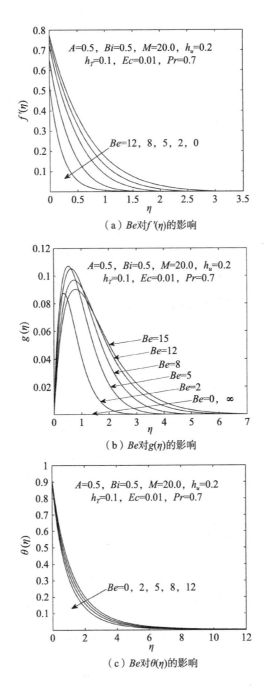

图 4-4 霍尔参数 Be 对 $f'(\eta)$、$g(\eta)$ 和 $\theta(\eta)$ 的影响

第4章 霍尔效应条件下非稳态水平延伸壁面上的MHD动量和热边界层

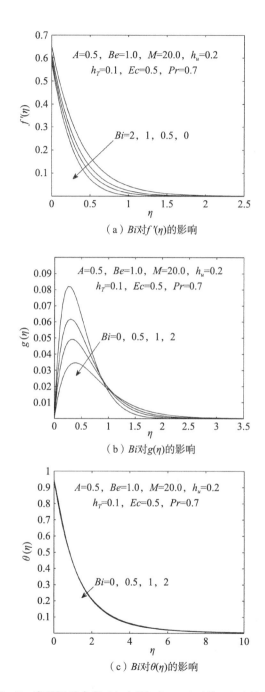

(a) Bi 对 $f'(\eta)$ 的影响

(b) Bi 对 $g(\eta)$ 的影响

(c) Bi 对 $\theta(\eta)$ 的影响

图 4-5 离子滑移参数 Bi 对 $f'(\eta)$、$g(\eta)$ 和 $\theta(\eta)$ 的影响

图 4-2 给出了相应于不同非稳态参数 A 值的无量纲沿 x-轴向速度 $f'(\eta)$、沿 z-轴向速度 $g(\eta)$ 和温度 $\theta(\eta)$ 的分布曲线，可以看出随着 A 值的增加：① 边界层内 x-轴向速度 $f'(\eta)$ 递减；② z-轴向速度 $g(\eta)$ 和其最大值也递减，并且取得最大值处离壁面越来越近；③ 温度递减，温度边界层厚度变薄，并且温度在 A 值处于 $0\sim1$ 时变化较大。

图 4-3 给出了当 $A=0.5$，$Be=1$，$Bi=0.5$，$h_u=0.2$，$h_T=0.1$ 和 $Ec=0.5$ 时，与不同磁场参数 M 相应的沿 x-轴向速度 $f'(\eta)$、沿 z-轴向速度 $g(\eta)$ 和温度 $\theta(\eta)$ 的分布曲线，从中可以看出当 $M=0$ 即没有施加外磁场时，流体不存在沿 z-轴向速度 $g(\eta)$，而且磁场参数 M 的增加将导致：① 边界层内速度 $f'(\eta)$ 的递减，边界层厚度变薄，这是因为在磁场的作用下，产生了洛伦兹力，其对流体流动起着阻碍的作用；② 沿 z-轴向速度 $g(\eta)$ 的最大值先增加然后递减，但同时取得最大值处离壁面越来越近，z-轴向速度的边界层变薄；③ 边界层内温度增加。

图 4-4 是不同霍尔参数 Be 值对应的沿 x-轴向速度 $f'(\eta)$、沿 z-轴向速度 $g(\eta)$ 和温度 $\theta(\eta)$ 的分布曲线，可以看出当 $Be=0$ 即不考虑霍尔电流的影响时，流体沿 z-轴向速度 $g(\eta)$ 等于 0，而且随着 Be 值的增加，有下面的变化趋势：① x-轴向速度速度 $f'(\eta)$ 增加，两者的边界层厚度均变厚；② z-轴向速度 $g(\eta)$ 最大值先增加然后减小，并且取最大值处越来越远离壁面，其边界层变厚；③ 边界层内的温度升高。

图 4-5 是相应不同离子滑移参数 Bi 值的沿 x-轴向速度 $f'(\eta)$、沿 z-轴向速度 $g(\eta)$ 和温度 $\theta(\eta)$ 的分布曲线，可以看出随着 Bi 值的增加：① 边界层内 x-轴向速度 $f'(\eta)$ 递增，边界层变厚；② z-轴向速度 $g(\eta)$ 的最大值增加，但其边界层厚度却逐渐减小；③ 边界层内温度降低，但非常接近，说明离子滑移参数的变化对边界层内的温度影响较小。

4.4 小 结

本章研究了带霍尔效应的非稳态延伸水平延伸壁面上的 MHD 边界层问

第4章 霍尔效应条件下非稳态水平延伸壁面上的 MHD 动量和热边界层

题，将控制方程通过相似变化转化为常微分方程形式的相似解方程，对于各物理参数变化，利用数值打靶法对问题进行了求解，发现霍尔效应下将产生一个沿 z-轴向的速度 $g(\eta)$，而且得到了不同参数变化下的边界层动量和热量传输行为：

1）霍尔参数 Be 为 0 时不存在沿 z-轴向速度 $g(\eta)$，但随着霍尔参数 Be 和磁场参数 M 增加时，产生的 z-轴向速度 $g(\eta)$ 最大值都是先增加然后减小，但是霍尔参数 Be 的增加将使得取最大值处越来越远离壁面，其边界层渐渐变厚，然而，磁场参数 M 值增加是取最大值处离壁面逐渐变近，其边界层变薄；两者对温度的影响也相反，霍尔参数 Be 增加时，边界层温度降低，但磁场参数的影响却与之相反。

2）非稳态参数 A 增加将使得 z-轴向速度 $g(\eta)$ 和其最大值均递减，并且取得最大值处离壁面越来越近；温度递减，温度边界层厚度变薄，并且温度在 A 值处于 $0\sim1$ 时变化较大。

3）离子滑移参数 Bi 值增加时产生的效果是，边界层内 x-轴向速度 $f'(\eta)$ 递增，边界层变厚；z-轴向速度 $g(\eta)$ 的最大值增加，且边界层厚度增加；但离子滑移参数的变化对温度的影响较小。

第5章 纵掠延伸楔形壁面的MHD动量和热边界层

在本书的第2章、第3章和第4章分别对相关物理参数影响下的平行或垂直延伸、收缩壁面上的MHD边界层动量和热传递行为进行了研究，本章将把对MHD边界层传递行为问题的研究着眼于更一般的情况——纵掠楔形壁面的MHD边界层问题，并分析其动量和热边界层传输特点。

Falkner和Skan最早研究了楔形壁面上的边界层问题，此后楔形壁面上的流动和传热问题被从各个角度进行推广。目前，对楔形壁面上的边界层分析仍很活跃，主要是集中于以下几个方面的研究：从数学角度对解析求解相应边界层问题方法的研究；对具有不同性质的流体如微极流体、纳米流体和磁流体以不同速度比例参数绕流楔形物壁面的速度和温度分布；流体绕流楔形物壁面时滑移和辐射、热源热汇、化学反应、焦耳热等对热边界层的影响。相对而言，对于楔形延伸壁面上的MHD边界层流动和传热问题的相关研究要少一些。近来，Abbasbandy和Hayat[171,172]及Parand等[173]对静止流体中无渗透的延伸楔形壁面的MHD边界层流动进行了解析求解。还有一些文献[183-187]借助于数值求解方法探讨了静止流体中延伸楔形壁面上MHD混合对流问题，分别分析了化学反应、热源热汇和变黏性的对速度和温度场的作用。一些科研工作者，将延伸壁面上的边界层问题推广到纳米流体：Mustafa等[199]和Hamad等[200]分别考虑了纳米流体在水平延伸壁面上的流体和热传输；Yacob等[201]和Bachok等[202]分别考虑了包含纳米粒子Cu、Al_2O_3和TiO_2的三种纳米流体在静止和延伸楔形壁面上流动，但没有考虑相应的对流传输问题。Rana等[203]利用数值方法对静止不动的垂直壁面上的纳米流体的混合对流边界层流动进行了研究，并考虑了热源和热汇的影响。另外，Hamad 等[204]分析了磁场作用下纳米流体流经垂直壁面时的自然对流。

在相关文献工作的基础上，本章考虑连续延伸楔形壁面上的流动和传热问题主要利用 DTM – BF 方法和数值方法从以下几个方面进行研究：

1）在5.1 节利用 DTM – BF 方法和数值方法对带滑移边界的在外磁场作用下纵掠延伸楔形壁面 MHD 边界层流动，分析壁面抽吸和喷注、在壁面延伸或收缩情况下速度比例参数、楔形角度参数对边界层内速度分布的影响。

2）在5.2 节利用 DTM – BF 解析方法和数值方法分析带有辐射和焦耳热的延伸楔形壁面上的 MHD 混合对流。

3）在5.3 节利用数值方法分析延伸楔形壁面上的四种纳米粒子（Cu，Al_2O_3，TiO_2 和 Ag）组成的纳米流体在磁场作用下的混合对流和传热。

5.1　带速度滑移边界的楔形延伸面上的 MHD 边界层流动

5.1.1　数学模型

考虑不可压缩的黏性导电流体在外磁场作用下纵掠一个延伸的楔形壁面 MHD 边界层流动，主流速度为 $u_\infty = u_0 x^m$，壁面延伸或收缩速度为 $u_w = R u_\infty$（$R > 0$ 为延伸壁面，$R = 0$ 为静止壁面），磁场的方向与流动方向垂直，通过可渗透壁面的抽吸和喷注速度为 $v_w(x)$，如图 5 – 1 所示。在小磁场雷诺数情况下，电磁感应可以忽略不计。基于这些假设条件，流体流动的边界层控制方程为[75]

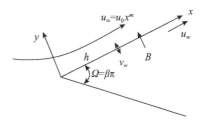

图 5 – 1　流体绕流带滑移的延伸楔形壁面

$$\frac{\partial u}{\partial x} + \frac{\partial v}{\partial y} = 0 \qquad (5-1)$$

$$u\frac{\partial u}{\partial x}+v\frac{\partial u}{\partial y}=u_\infty\frac{\mathrm{d}u_\infty}{\mathrm{d}x}+\nu\frac{\partial^2 u}{\partial y^2}-\frac{\sigma B^2}{\rho}(u-u_\infty) \quad (5-2)$$

这里 x 和 y 轴分别平行和垂直于壁面，u 和 v 分别为 x 和 y 方向的速度分量。$u_\infty = u_0 x^m$ 是楔形物壁面上方的边界层外部主流速度，ν 是运动黏度，σ 为电导率，$B(x)=B_0 x^{(m-1)/2}$ 表示磁场，ρ 是流体密度。相应的边界条件为

$$u(x,0)=u_w+L\frac{\partial u}{\partial y} \quad (5-3)$$

$$v(x,0)=v_w \quad (5-4)$$

$$u(x,\infty)=u_\infty \quad (5-5)$$

其中 $v_w=-C\left[\dfrac{(m+1)\nu u_\infty}{2x}\right]^{1/2}$ 是穿过壁面的抽吸或喷注速度，当 $v_w<0$ 时为抽吸，$v_w>0$ 时为喷注；$L=h\left[\dfrac{2\nu x}{(m+1)u_\infty}\right]^{1/2}$ 为壁面速度滑移系数，然后引入下面的变换：

$$\eta=\left[\frac{(m+1)u_\infty}{2\nu x}\right]^{1/2} y, \quad \psi=f(\eta)\left(\frac{2\nu x u_\infty}{m+1}\right)^{1/2} \quad (5-6)$$

这里 η 是相似变量，$\psi(x,y)$ 是流函数，满足 $(u,v)=\left(\dfrac{\partial\psi}{\partial y},-\dfrac{\partial\psi}{\partial x}\right)$，利用相似变换式（5-6），可以得到下面的速度分量形式：

$$u=u_\infty f'(\eta), \quad v=-\sqrt{\frac{(m+1)\nu u_\infty}{2x}}\left(f(\eta)+\frac{m-1}{m+1}\eta f'(\eta)\right) \quad (5-7)$$

由方程（5-7），质量守恒方程（5-1）自动满足，并且动量方程和边界条件可以变为

$$f'''(\eta)+f(\eta)f''(\eta)+\beta[1-(f'(\eta))^2]-M(f'(\eta)-1)=0 \quad (5-8)$$

$$f(0)=C, \quad f'(0)=R+hf''(0), \quad f'(+\infty)=1 \quad (5-9)$$

其中 $M=2\sigma B_0^2/[\rho u_0(1+m)]$，$\beta=2m/(m+1)$ 为楔形角度参数，当 $\beta=0$ 相应于水平壁面，当 $\beta=1$ 相应于垂直壁面；h 为壁面速度滑移参数，函数 $f(\eta)$ 表示无量纲流函数，函数 $f'(\eta)$ 是无量纲切向速度，C 为抽吸或喷注参数，用来控制垂直壁面方向质量传输强度，$C>0$ 为抽吸，$C<0$ 相应为喷注。

5.1.2 DTM–BF 求解析解和数值解

首先,利用 DTM 求解方程(5-8)在下面初值条件下的初值问题:

$$f(0) = C, \quad f'(0) = R + h\alpha, \quad f''(0) = \alpha \quad (5-10)$$

初始条件式(5-10)的微分变换为

$$F(0) = C, \quad F(1) = R + h\alpha, \quad F(2) = \alpha/2 \quad (5-11)$$

这里 f 和 F 分别对应于原函数和微分变换函数。然后对方程(5-8)实施微分变换,可以得到下面关于函数 $f(\eta)$ 的微分变换的迭代公式:

$$F(k+3) = \frac{1}{(k+1)(k+2)(k+3)} \Big\{ M(k+1)F(k+1) - (\beta+M)\delta(k) - \sum_{i=0}^{k}$$
$$[(k-i+1) \times (k-i+2)F(i)F(k-i+2)$$
$$- \beta(i+1)(k-i+1)F(i+1)F(k-i+1)] \Big\} \quad (5-12)$$

将方程(5-11)代入迭代公式(5-12)中,这样可以很容易地计算出所有的 $F(k)$ 的项。基于逆变换(5-2),方程(5-8)在初值条件(5-10)下的幂级数形式的解为

$$f(\eta) = \sum_{k=0}^{\infty} F(k)\eta^k \approx \sum_{k=0}^{n} F(k)\eta^k \quad (5-13)$$

从方程(5-8)和边界条件(5-9),利用基函数 $\{f_{0,0}(\eta), f_{i,j}(\eta)_{(i=1,2,3,\cdots;j=2,3,\cdots)}\}$ 的线性组合表示为 $f(\eta)$,即

$$f(\eta) \approx f_{N_1,N_2}(\eta) = f_{0,0}(\eta) + \sum_{j=3}^{N_1+1}\sum_{i=1}^{N_2} b_{i,j} f_{i,j}(\eta) = f_{0,0}(\eta) + \sum_{j=3}^{N_1+1}\sum_{i=1}^{N_2} b_{i,j}\eta^j e^{ia_0\eta}$$
$$(5-14)$$

这里 $f_{0,0}(\eta) = C - H + \eta + He^{a_0\eta} + b_1\eta e^{a_0\eta} + b_2\eta^2 e^{a_0\eta}$,$\left(H = \dfrac{2hb_1a_0 + 2b_2h - b_1 + R - 1}{a_0 - ha_0^2} \right)$ 满足非齐次边界条件(5-9),$f_{i,j}(\eta) = b_{i,j}\eta^j e^{ia_0\eta}(i=1,2,3,\cdots;j=3,4,\cdots)$ 满足下面的齐次边界条件:

$$f(0) = 0, \quad f'(0) = 0, \quad f'(\infty) = 0 \quad (5-15)$$

其中 $a_0 < 0$ 是待定的衰减参数,这里取 $N_1 = N_2 = 3$ 得到的截断级数 $f_{N_1,N_2}(\eta)$ 作为近似解。展开方程(5-14)的右边得到下面关于 η 为自变量的幂级数:

$$f(\eta) = C + (Ha_0 + b_1 + 1)\eta + \left(\frac{Ha_0^2}{2!} + b_1 a_0 + b_2\right)\eta^2 + \left(\frac{Ha_0^3}{3!} + \frac{b_1 a_0^2}{2!} + b_2 a_0\right.$$

$$\left. + \sum_{i=1}^{3} b_{i,3}\right)\eta^3 + \left(\frac{Ha_0^4}{4!} + \frac{b_1 a_0^3}{3!} + \frac{b_2 a_0^2}{2!} + \sum_{i=1}^{3} i a_0 b_{i,3} + \sum_{i=1}^{3} b_{i,4}\right)\eta^4 + \cdots$$

$$(5-16)$$

由方程（5-13）和方程（5-16），得到下面的方程：

$$\sum_{i=0}^{\infty} F(i)\eta^i = C + (Ha_0 + b_1 + 1)\eta + \left(\frac{Ha_0^2}{2!} + b_1 a_0 + b_2\right)\eta^2$$

$$+ \left(\frac{Ha_0^3}{3!} + \frac{b_1 a_0^2}{2!} + b_2 a_0 + \sum_{i=1}^{3} b_{i,3}\right)\eta^3$$

$$+ \left(\frac{Ha_0^4}{4!} + \frac{b_1 a_0^3}{3!} + \frac{b_2 a_0^2}{2!} + \sum_{i=1}^{3} i a_0 b_{i,3} + \sum_{i=1}^{3} b_{i,4}\right)\eta^4 + \cdots$$

$$(5-17)$$

比对方程（5-17）中的 η 同次项的系数，可得下面的代数方程组：

$$\frac{Ha_0^2}{2!} + b_1 a_0 + b_2 = F(2)$$

$$\frac{Ha_0^3}{3!} + \frac{b_1 a_0^2}{2!} + b_2 a_0 + \sum_{i=1}^{3} b_{i,3} = F(3)$$

$$\frac{Ha_0^j}{j!} + \frac{b_1 a_0^{j-1}}{(j-1)!} + \frac{b_2 a_0^{j-2}}{(j-2)!} + \sum_{i=1}^{3} \frac{(i a_0)^{j-3} b_{i,3}}{(j-3)!}$$

$$+ \sum_{i=1}^{3} \frac{(i a_0)^{j-4} b_{i,4}}{(j-4)!} = F(j), (j = 4,5,\cdots,11) \quad (5-18)$$

通过求解代数方程组（5-18）可以确定出所有的 10 个待定系数 $\alpha = f''(0)$，a_0，b_1，b_2 和 $b_{i,j}(i=1,2,3; j=3,4)$，这样就得到了基函数 $f_{i,j}(\eta)$ 线性表示的边值问题式（5-8）和式（5-9）的近似解析解。例如，当 $C = 0.5$，$h = 0.1$，$M = 1$，$\beta = 0.5$ 和 $R = 0.7$ 时，利用 DTM-BF 方法得到的边值问题式（5-8）和式（5-9）的解为

$$f(\eta) = 3.808151681 \times 10^{-1} + \eta + 1.191848319 \times 10^{-1} e^{a_0 \eta} + 1.009572319$$
$$\times 10^{-1} \eta e^{a_0 \eta} + 5.595091858 \times 10^{-5} \eta^2 e^{3a_0 \eta} + \eta^3 (-2.463534620$$
$$\times 10^{-2} e^{a_0 \eta} - 5.251321110 \times 10^{-4} e^{2a_0 \eta} + 2.543595834 \times 10^{-5} e^{3a_0 \eta})$$

$$+\eta^4(-1.257393362\times10^{-2}e^{a_0\eta}-5.610079655\times10^{-4}e^{2a_0\eta}$$
$$+1.597222021\times10^{-5}e^{3a_0\eta})$$

其中 $a_0 = -2.974098671$，相应壁摩擦系数为 $f''(0) = 0.4648978172$。

本节利用一个有效的打靶法对方程（5-8）在边界条件（5-9）下进行了数值求解。首先，将方程转变成一阶微分方程组的初值问题：

$$f' = f_1, \quad f_1' = f_2, \quad f_2' = -ff_2 + \beta f_1^2 + Mf_1 - M - \beta \quad (5-19)$$

初值条件为

$$f(0) = C, \quad f_1(0) = R + ha, \quad f_2(0) = a \quad (5-20)$$

这里 a 是一个待定的初值参数，其将在数值求解的迭代过程中确定。在式（5-20）中，不同的 a 将得到不同的 $f'(\infty)$ 值。而要得到的 a 值使所相应的初值问题式（5-19）和式（5-20）的解 $f(\eta)$ 正好使得 $f'(\infty) = 1$ 和 $f''(\infty) = 0$ 满足。为此，先选择一个合适的 a 的初始猜测值，对 a 采用割线迭代并利用四阶 Runge-Kutta 法迭代求解初值问题式（5-19）和式（5-20），使 $f'(\eta_\infty) = 1$ 和 $f''(\eta_\infty) = 0$ 满足。求解中步长选取为 $\Delta\eta = 0.001$，η_∞ 近似为10，打靶的误差控制到小于 10^{-5}。

5.1.3 结果分析

利用 DTM-BF 解析方法和数值方法对速度滑移参数 h、磁场参数 M、楔形角度参数 β、抽吸喷注参数 C 和速度比例参数 R 取不同值时的情况分别进行了计算。为了评估 DTM-BF 解析方法的精确性和可靠性，对于本问题的一些特殊情况下 Ishak 等[160]和 Yih[161]得到的壁摩擦系数 $f''(0)$ 的数值结果进行了比较，比较结果如表 5-1 和表 5-2 所示。而且，在 h、β、M、C 和 R 的不同参数值下得到的壁摩擦系数 $f''(0)$ 和切向速度 $f'(\eta)$ 的 DTM-BF 结果均和我们计算所得到的数值结果进行了对照，对照结果如表 5-1～表 5-5 以及图 5-2～图 5-6 所示。从表 5-1 和表 5-2 可以看出，在不同参数下相应的 $f''(0)$ 的解析结果和数值解结果之间相对误差（相对误差 = |(解析解 - 数值解)/数值解|）的最大值为 0.232%；同时，图 5-2～图 5-6 均显示切向速度 $f'(\eta)$ 的解析解结果和数值解结果吻合非常好。此外，

DTM-BF 和数值方法计算所得结果揭示了这些物理参数对此楔形壁面上的 MHD 边界层流动问题的影响。

表 5-1 当 $\beta=1$, $M=h=R=0$ 时，与不同参数 C 的值相应的 $f''(0)$ 值的对比

C	数值结果		本书结果		
	Ishak et al.[160]	Yih[161]	数值结果	解析结果	相对误差
-1	0.7566	0.75658	0.75658	0.75638	0.026%
-0.5	0.9692	0.96923	0.96923	0.96936	0.013%
0	1.2326	1.23259	1.23259	1.23350	0.074%
0.5	1.5418	1.54175	1.54175	1.54199	0.016%
1	1.8893	1.88931	1.88931	1.88928	0.002%

表 5-2 当 $M=C=h=R=0$ 时，与不同参数 β 的值相应的壁摩擦系数 $f''(0)$ 值的对比

β	数值结果 (Ishak et al.[160])	本书结果		
		数值结果	解析结果	相对误差
0.0	0.4696	0.46960	0.46927	0.070%
0.3	0.7748	0.77476	0.77592	0.150%
0.5	0.9277	0.92768	0.92553	0.232%
1.0	1.2326	1.23259	1.23350	0.074%

表 5-3 当 $\beta=0.5$, $h=0.1$, $C=1$ 和 $R=0.2$ 时，与不同参数 M 的值相应的壁摩擦系数 $f''(0)$ 值的对比

M	数值结果	解析结果	相对误差
0	1.17426	1.17486	0.051%
2	1.52597	1.52637	0.026%
4	1.76554	1.76560	0.004%
8	2.10536	2.10534	0.001%
15	2.50357	2.50356	0.000%

表 5-4　当 $\beta=0.5$, $M=1$, $C=2$ 和 $R=0.2$ 时, 与不同参数 h 的值相应的壁摩擦系数 $f''(0)$ 值的对比

h	数值结果	解析结果	相对误差
0.0	2.23248	2.23347	0.044%
0.1	1.76242	1.76298	0.032%
0.5	0.94461	0.94474	0.014%
1.0	0.59517	0.59522	0.008%
1.5	0.43409	0.43412	0.007%

表 5-5　当 $\beta=0.5$, $M=1$, $C=0.5$ 和 $h=0.1$ 时, 与不同参数 R 的值相应的壁摩擦系数 $f''(0)$ 值的对比

R	数值结果	解析结果	相对误差
0.0	1.44711	1.44916	0.142%
0.3	1.04456	1.04465	0.009%
0.7	0.46446	0.46490	0.095%
1.3	-0.48742	-0.48774	0.066%
1.7	-1.17020	-1.17076	0.048%
2.0	-1.70513	-1.70578	0.038%

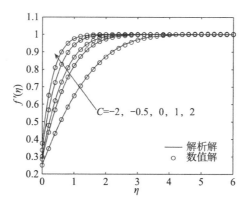

图 5-2　当 $h=0.1$, $M=1.0$, $\beta=0.5$ 和 $R=0.2$ 时, 不同参数 C 对应的速度 $f'(\eta)$ 的解析解结果和数值解结果的对比

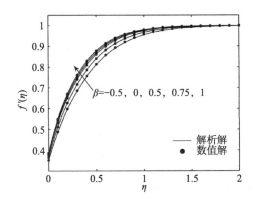

图 5-3 当 $h=0.1$, $M=1.0$, $C=2$ 和 $R=0.2$ 时, 不同参数 β 对应的速度 $f'(\eta)$ 的解析解结果和数值解结果的对比

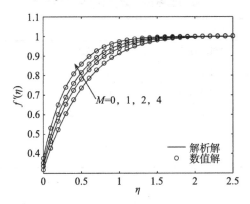

图 5-4 当 $h=0.1$, $\beta=0.5$, $C=1.0$ 和 $R=0.2$ 时, 不同参数 M 对应的速度 $f'(\eta)$ 的解析解结果和数值解结果的对比

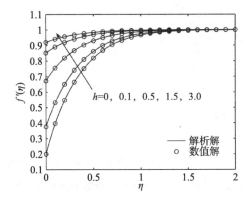

图 5-5 当 $\beta=0.5$, $M=1.0$, $C=2.0$ 和 $R=0.2$ 时, 不同参数 h 对应的速度 $f'(\eta)$ 的解析解结果和数值解结果的对比

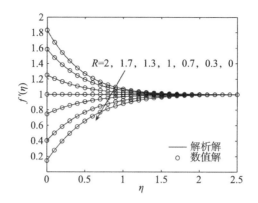

图 5-6　当 $\beta=0.5$，$M=1.0$，$h=0.1$ 和 $C=0.5$ 时，不同参数 R 对应的速度 $f'(\eta)$ 的解析解结果和数值解结果的对比

图 5-2、图 5-3 和图 5-4 以及表 5-1、表 5-2 和表 5-3 分别显示了不同抽吸喷注参数 C、楔形角度参数 β 和磁场参数 M 值的条件下的流动特性。从这些图、表中可以看出，喷注增加了边界层厚度同时使得壁摩擦系数 $f''(0)$ 递减，而抽吸有着与之相反的影响。楔形角度参数 β 和磁场参数 M 的增加将增加壁摩擦系数 $f''(0)$ 和边界层流动中的速度梯度，这使得边界层内的流动速度当 $R<1$ 时增加，当 $R>1$ 时递减。

图 5-5 和表 5-4 说明了楔形壁面上的速度滑移对边界层内的流动有着很重要的影响。可以看出当滑移参数 h 增加时，壁摩擦系数 $|f''(0)|$ 和边界层内速度梯度快速的递减，边界层内的速度明显的递增；其原因在于在滑移边界条件下由壁面延伸产生的动量只有部分能传输到流体中；同时也揭示了当速度滑移开始增加时，流体和楔形壁面间的摩擦阻力减少了。

图 5-6 和表 5-5 给出的是不同速度比例参数 R 下的壁摩擦系数 $f''(0)$ 和速度 $f'(\eta)$ 的分布。速度比例参数 $R<1$ 时，R 的增加将导致壁摩擦系数 $|f''(0)|$ 和边界层厚度的递减；然而，对 $R>1$ 的情况，当 R 增加时将产生相反的影响。但在 $R>1$ 和 $R<1$ 两种情况下，固定点处的流体速度均随着 R 的增加而增加。

5.2 延伸楔形壁面上 MHD 混合对流流动

5.2.1 数学模型

考虑主流速度为 $u_\infty = u_0 x^m$ 的黏性导电流体流过表面温度为 T_w 的楔形物壁面，壁面延伸速度为 $u_w = Ru_\infty$（$R = u_w/u_\infty$ 为壁面延伸速度与主流的速度比例参数），主流温度为 T_∞，壁面温度 $T_w = T_\infty + T_{ref} x^{2m}$（这里 T_{ref} 为一个给定的参考温度）；楔形物顶角为 $\Omega = \beta\pi$，其中 $\beta = 2m/(m+1)$ 也称为 Hartree 压力梯度参数或角度参数，磁场 $B(x) = B_0 x^{(m-1)/2}$ 垂直于楔形物壁面，$v_w(x)$ 为通过可渗透壁面的抽吸和喷注速度，如图 5-7 所示。在小磁场雷诺数情况下，电磁感应可以忽略不计。基于这些假设条件，边界层控制方程为[188]

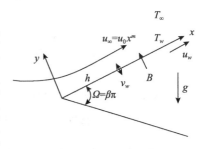

图 5-7 纵掠延伸楔形壁面上的速度和温度边界层

$$\frac{\partial u}{\partial x} + \frac{\partial v}{\partial y} = 0 \tag{5-21}$$

$$u\frac{\partial u}{\partial x} + v\frac{\partial u}{\partial y} = u_\infty \frac{du_\infty}{dx} + \nu \frac{\partial^2 u}{\partial y^2} + g\beta_T(T - T_\infty)\sin\frac{\Omega}{2} - \frac{\sigma B^2(x)}{\rho}(u - u_\infty) \tag{5-22}$$

$$\rho c_p \left(u\frac{\partial T}{\partial x} + v\frac{\partial T}{\partial y} \right) = -\rho u \left(u_\infty \frac{du_\infty}{dx} + \sigma B^2 u_\infty \right) + \alpha \frac{\partial^2 T}{\partial y^2} - \frac{\partial q_r}{\partial y} + \sigma B^2 u^2 \tag{5-23}$$

相应边界条件为

$$u(x,0) = u_w, \quad v(x,0) = v_w, \quad T(x,0) = T_w \tag{5-24}$$

$$u(x,\infty) = u_\infty, \quad T(x,\infty) = T_\infty \tag{5-25}$$

其中 $v_w = -C(\nu u_0)^{\frac{1}{2}} \frac{m+1}{2} x^{\frac{m-1}{2}}$ 是穿过壁面的抽吸或喷注速度，当 $v_w < 0$ 时为抽吸，$v_w > 0$ 时为喷注；x 和 y 轴分别平行和垂直于壁面，u 和 v 是 x 和 y 方向

的速度分量。ν 是运动黏度，σ 为电导率，ρ 是流体密度；$g\beta_T(T-T_\infty)\sin\dfrac{\Omega}{2}$ 为热浮力；能量控制方程中 $\sigma B^2 u^2$ 为磁场导致的焦耳热，$\alpha\dfrac{\partial^2 T}{\partial y^2}$ 为热传导项，$-\rho u\left(u_\infty\dfrac{\mathrm{d}u_\infty}{\mathrm{d}x}+\sigma B^2 u_\infty\right)$ 为沿着边界层方向的压力梯度做的功；$\dfrac{\partial q_r}{\partial y}$ 为辐射项，采用 Rosseland 辐射近似表达式 $q_r=-\dfrac{4\sigma^*}{3k^*}\dfrac{\partial T^4}{\partial y}$，这里 k^* 平均吸收系数和 σ^* 是 Stefan–Boltzmann 常数。T^4 在 T_∞ 处进行泰勒展开并取前两项作为其近似表达式 $T^4\approx 4T_\infty^3 T-3T_\infty^4$，然后引入下面的变换：

$$\eta=\frac{y}{x}\left(\frac{u_\infty x}{\nu}\right)^{1/2},\ \psi=f(\eta)(\nu x u_\infty)^{1/2},\ \theta=\frac{T-T_\infty}{T_w-T_\infty} \qquad (5-26)$$

这里 η 是相似变量，$\psi(x,y)$ 是流函数满足 $(u,v)=\left(\dfrac{\partial\psi}{\partial y},-\dfrac{\partial\psi}{\partial x}\right)$，利用相似变换式 (5-26)，可以得到下面的速度分量形式：

$$u=u_\infty f'(\eta),\ v=-\sqrt{\frac{\nu u_\infty}{x}}\left[\frac{1+m}{2}f(\eta)+\frac{(m-1)}{2}\eta f'(\eta)\right] \qquad (5-27)$$

这里函数 $f(\eta)$ 表示无量纲流函数，函数 $f'(\eta)$ 是无量纲切向速度。

由方程 (5-27)，连续方程 (5-21) 自动满足，并且动量方程和边界条件可以变为

$$f'''(\eta)+\frac{1+m}{2}f(\eta)f''(\eta)+m[1-(f'(\eta))^2]-M(f'(\eta)-1)$$
$$+\left(\gamma\sin\frac{\Omega}{2}\right)\theta=0 \qquad (5-28)$$

$$Pr^{-1}(1+Nr)\theta''+\frac{1+m}{2}f\theta'-2mf'\theta+Ec[-(m+M)f'+Mf'^2]=0 \qquad (5-29)$$

$$f(0)=C,\ f'(0)=R,\ f'(+\infty)=1 \qquad (5-30)$$

$$\theta(0)=1,\ \theta(+\infty)=0 \qquad (5-31)$$

其中 $M=\sigma B_0^2/(\rho u_0)$ 为磁场参数；C 为抽吸喷注参数，用来控制垂直壁面方向质量传输强度，$C<0$ 为喷注，$C>0$ 相应为抽吸。$Ec=u_\infty^2/[c_p(T_w-T_\infty)]$ 是 Ec 数；$Pr=\dfrac{\mu c_p}{\alpha}$ 是 Prandtl 数；$Nr=\dfrac{16k^*\alpha}{3\sigma^* T_\infty^3}$ 是辐射参数；$R=\dfrac{u_w}{u_\infty}$ 是速度比

例参数,当 $R>0$ 时壁面顺着主流方向进行延伸,并且有:$R=0$ 对应于静止壁面,$0<R<1$ 主流速度快于壁面延伸速度,$R>1$ 主流速度慢于壁面延伸速度。γ 代表热浮力影响的混合对流参数:取负值时对应于热浮力反向流;取正值时对应于热浮力顺向流。

壁摩擦系数和局部 Nusselt 数分别为

$$C_f = \mu \left(\frac{\partial u}{\partial y}\right)_{y=0} \Big/ \left(\frac{1}{2}\rho u_\infty^2\right) = 2f''(0)/Re_x^{\frac{1}{2}} \qquad (5-32)$$

$$Nu_x = -x\alpha\left(\frac{\partial T}{\partial y}\right)_{y=0} \Big/ (\alpha(T_w - T_\infty)) = -\theta'(0)/Re_x^{\frac{1}{2}} \qquad (5-33)$$

5.2.2　DTM-BF 求解析解和数值解

1. DTM-BF 求解析解

首先,利用 DTM 对方程(5-28)和方程(5-29)在下面的初值条件下进行求解:

$$f(0) = C, \quad f'(0) = R, \quad f''(0) = \alpha_1 \qquad (5-34)$$

$$\theta(0) = 1, \quad \theta'(0) = \alpha_2 \qquad (5-35)$$

初始条件式(5-34)和式(5-35)的微分变换为

$$F(0) = C, \quad F(1) = R, \quad F(2) = \frac{\alpha_1}{2} \qquad (5-36)$$

$$\Theta(0) = 1, \quad \Theta(1) = \alpha_2 \qquad (5-37)$$

这里 α_1 和 α_2 为要求的待定参数。然后对方程(5-28)和方程(5-29)进行微分变换,可以得到下面微分变换函数 $F(k)$ 和 $\Theta(k)$ 的迭代公式:

$$\begin{aligned} F(k+3) = &\frac{-1}{(k+1)(k+2)(k+3)}\bigg\{-M(k+1)F(k+1) + (m+M)\delta(k) \\ &+ \left(\left(\gamma\sin\frac{\Omega}{2}\right) \times \Theta(k) + \sum_{i=0}^{k}\big[-m(i+1)(k-i+1)F(i+1)\right. \\ &\left.F(k-i+1) + \frac{1+m}{2}(k-i+1) \times (k-i+2)F(i)F(k-i+2)\big]\right\}\end{aligned}$$

$$(5-38)$$

$$\Theta(k+2) = \frac{-Pr}{(k+1)(k+2)(1+Nr)}\Big\{-E(m+M)(k+1)F(k+1) + \sum_{i=0}^{k}$$

$$\Big[-2m(i+1)\times\Theta(i)F(i+1) + \frac{1+m}{2}(i+1)F(i)\Theta(i+1)$$

$$+ EM(i+1)(k-i+1)F(i+1)\times F(k-i+1)\Big]\Big\} \quad (5-39)$$

将方程 (5-36) 和方程 (5-37) 代入到上面的迭代公式中, 这样可以很容易地计算出所有的 $F(k)$ 和 $\Theta(k)$ 的项。基于逆变换 (1-2), 方程 (5-28) 和方程 (5-29) 在初值条件式 (5-34) 和式 (5-35) 下的幂级数形式的解为

$$f(\eta) = \sum_{k=0}^{\infty} F(k)\eta^k \approx \sum_{k=0}^{n} F(k)\eta^k \quad (5-40)$$

$$\theta(\eta) = \sum_{i=0}^{\infty} \Theta(i)\eta^i \approx \sum_{i=0}^{m} \Theta(i)\eta^i \quad (5-41)$$

然后将耦合的边值问题式 (5-28) ~ 式 (5-31) 用基函数线性组合形式表示, 由方程 (5-28) 和方程 (5-29) 及边界条件式 (5-30) 和式 (5-31), 将边值问题式 (5-28) ~ 式 (5-31) 的解 $f(\eta)$ 和 $\theta(\eta)$ 利用基函数集 $\{f_{0,0}(\eta), f_{i,j}(\eta)_{(i=1,2,3,\cdots; j=2,3,\cdots,)}\}$ 和 $\{\theta_{0,0}(\eta), \theta_{i,j}(\eta)_{(i=1,2,\cdots; j=1,2,\cdots,)}\}$ 表示成下面的的线性组合形式:

$$f(\eta) \approx f_{N_1,N_2}(\eta) = f_{0,0}(\eta) + \sum_{j=2}^{N_1}\sum_{i=1}^{N_2} b_{i,j}f_{i,j}(\eta) = f_{0,0}(\eta) + \sum_{j=2}^{N_1}\sum_{i=1}^{N_2} b_{i,j}\eta^j e^{ia_0\eta}$$

$$(5-42)$$

$$\bar{\theta}(\eta) \approx \bar{\theta}_{N_3,N_4}(\eta) = \bar{\theta}_{0,0}(\eta) + \sum_{j=2}^{N_3}\sum_{i=1}^{N_4} d_{i,j}\theta_{i,j}(\eta) = \bar{\theta}_{0,0}(\eta) + \sum_{j=2}^{N_3}\sum_{i=1}^{N_4} d_{i,j}\eta^j e^{i\gamma_0\eta}$$

$$(5-43)$$

这里 $\bar{\theta}(\eta) = \int_0^{\eta} \theta(\eta) d\eta$ 引入时为了方便计算, 函数 $f_{0,0}(\eta) = C - b_0 + \eta + b_0 e^{a_0\eta} + b_1\eta e^{a_0\eta}$, $(b_1 = R - 1 - b_0 a_0)$ 和 $\bar{\theta}_{0,0}(\eta) = -B_0 + B_0 e^{\gamma_0\eta} + B_1\eta e^{\gamma_0\eta}$ $(B_1 = 1 - B_0\gamma_0)$ 分别满足非齐次边界条件式 (5-30) 和边界条件 $\bar{\theta}(0) = 0$, $\bar{\theta}'(0) = 1$, $\bar{\theta}'(\infty) = 0$。此外, $f_{i,j}(\eta) = b_{i,j}\eta^j e^{ia_0\eta}$ $(i=1,2,3,\cdots;$

$j=3,4,\cdots$) 和 $\theta_{i,j}(\eta) = d_{i,j}\eta^j e^{i\gamma_0\eta}$ ($i=1,2,3,\cdots$; $j=2,3,\cdots$) 分别满足下面的齐次边界条件：

$$f(0)=0,\ f'(0)=0,\ f'(\infty)=0 \qquad (5-44)$$

$$\bar{\theta}(0)=0,\ \bar{\theta}'(0)=0,\ \bar{\theta}'(\infty)=0 \qquad (5-45)$$

其中 $a_0<0$ 和 $\gamma_0<0$ 是待定的衰减参数，这里取 $N_i=3(i=1,2,3,4)$ 得到的截断级数 $f_{N_1,N_2}(\eta)$ 和 $\theta_{N_3,N_4}(\eta)$ 作为近似解。展开式（5-42）和式（5-43）的右边得到下面关于 η 为自变量的幂级数：

$$f(\eta) = C + (1+b_0 a_0+b_1)\eta + \left(\frac{b_0 a_0^2}{2!}+b_1 a_0+\sum_{i=1}^{3}b_{i,2}\right)\eta^2 + \left(\frac{b_0 a_0^3}{3!}+\frac{b_1 a_0^2}{2!}\right.$$
$$\left. + \sum_{i=1}^{3}ia_0 b_{i,2}+\sum_{i=1}^{3}b_{i,3}\right)\eta^3 + \left[\frac{b_0 a_0^4}{4!}+\frac{b_1 a_0^3}{3!}+\sum_{i=1}^{3}b_{i,2}\frac{(ia_0)^2}{2!}\right.$$
$$\left. + \sum_{i=1}^{3}ia_0 b_{i,3}\right]\eta^4 + \cdots \qquad (5-46)$$

$$\bar{\theta}(\eta) = (B_0\gamma_0+B_1)\eta + \left(\frac{B_0\gamma_0^2}{2!}+B_1\gamma_0+\sum_{i=1}^{3}B_{i,2}\right)\eta^2 + \left(\frac{B_0\gamma_0^3}{3!}+\frac{B_1\gamma_0^2}{2!}+\sum_{i=1}^{3}i\gamma_0 B_{i,2}\right.$$
$$\left. + \sum_{i=1}^{3}B_{i,3}\right)\eta^3 + \left[\frac{B_0\gamma_0^4}{4!}+\frac{B_1\gamma_0^3}{3!}+\sum_{i=1}^{3}B_{i,2}\frac{(i\gamma_0)^2}{2!}+\sum_{i=1}^{3}i\gamma_0 B_{i,3}\right]\eta^4 + \cdots$$
$$(5-47)$$

再将相应初值问题利用 DTM 方法得到的幂级数与边值问题表示的解进行展开得到的幂级数进行比对，即从方程（5-40）、方程（5-41）、方程（5-46）和方程（5-47），得到下面的方程：

$$\sum_{i=0}^{\infty}F(i)\eta^i = C + (1+b_0 a_0+b_1)\eta + \left(\frac{b_0 a_0^2}{2!}+b_1 a_0+\sum_{i=1}^{3}b_{i,2}\right)\eta^2$$
$$+ \left(\frac{b_0 a_0^3}{3!}+\frac{b_1 a_0^2}{2!}+\sum_{i=1}^{3}ia_0 b_{i,2}+\sum_{i=1}^{3}b_{i,3}\right)\eta^3 + \cdots \qquad (5-48)$$

$$\sum_{i=0}^{\infty}\frac{\Theta(i)}{i+1}\eta^{i+1} = (B_0\gamma_0+B_1)\eta + \left(\frac{B_0\gamma_0^2}{2!}+B_1\gamma_0+\sum_{i=1}^{3}B_{i,2}\right)\eta^2$$
$$+ \left(\frac{B_0\gamma_0^3}{3!}+\frac{B_1\gamma_0^2}{2!}+\sum_{i=1}^{3}i\gamma_0 B_{i,2}+\sum_{i=1}^{3}B_{i,3}\right)\eta^3 + \cdots \qquad (5-49)$$

下一步，比对方程（5-48）和方程（5-49）中的 η 同次项的系数，

第5章 纵掠延伸楔形壁面的MHD动量和热边界层

可建立下面的代数方程组：

$$\frac{b_0 a_0^2}{2!} + b_1 a_0 + \sum_{i=1}^{3} b_{i,2} = F(2)$$

$$\frac{b_0 a_0^3}{3!} + \frac{b_1 a_0^2}{2!} + \sum_{i=1}^{3} i a_0 b_{i,2} + \sum_{i=1}^{3} b_{i,3} = F(3)$$

$$\frac{b_0 a_0^j}{j!} + \frac{b_1 a_0^{j-1}}{(j-1)!} + \sum_{i=1}^{3} b_{i,2} \frac{(ia_0)^{j-2}}{(j-2)!} + \sum_{i=1}^{3} b_{i,3} \frac{(ia_0)^{j-3}}{(j-3)!}$$

$$= F(j) \quad (j = 4, 5, \cdots, 10)$$

$$\frac{B_0 \gamma_0^2}{2!} + B_1 \gamma_0 + \sum_{i=1}^{3} B_{i,2} = \frac{\Theta(1)}{2}$$

$$\frac{B_0 \gamma_0^3}{3!} + \frac{B_1 \gamma_0^2}{2!} + \sum_{i=1}^{3} i \gamma_0 B_{i,2} + \sum_{i=1}^{3} B_{i,3} = \frac{\Theta(2)}{3}$$

$$\frac{B_0 \gamma_0^j}{j!} + \frac{B_1 \gamma_0^{j-1}}{(j-1)!} + \sum_{i=1}^{3} B_{i,2} \frac{(i\gamma_0)^{j-2}}{(j-2)!} + \sum_{i=1}^{3} B_{i,3} \frac{(i\gamma_0)^{j-3}}{(j-3)!}$$

$$= \frac{\Theta(j-1)}{j} \quad (j = 4, 5, \cdots, 10) \tag{5-50}$$

通过求解代数方程组（5-50）可以确定出所有的待定系数 $\alpha_1 = f''(0)$，$\alpha_2 = \theta'(0)$，a_0，γ_0，b_0，B_0，$b_{i,j}(i=1,2,3; j=2,3)$ 和 $B_{i,j}(i=1,2,3; j=2,3)$，这样就得到了利用基函数 $f_{i,j}(\eta)$ 和 $\theta_{i,j}(\eta)$ 线性表示的边值问题式（5-28）~式（5-31）的近似解析解。例如，当 $m=0.1$，$C=1.0$，$M=3.0$，$\gamma=0.8$，$Ec=0.5$，$Pr=1.0$，$Nr=1.0$ 和 $R=2.0$ 时，利用 DTM-BF 方法得到的边值问题式（5-28）~式（5-31）的近似解析解如下：

$f(\eta) = 1.458643596 + \eta - 0.4586435961 e^{a_0 \eta} + 0.1185697659 \eta e^{a_0 \eta} + \eta^2$
$\quad \times (-7.986256288 \times 10^{-3} e^{a_0 \eta} + 1.080929596 \times 10^{-2} e^{2a_0 \eta} + 5.291467881$
$\quad \times 10^{-4} e^{3a_0 \eta}) + \eta^3 (-3.198870564 \times 10^{-2} e^{a_0 \eta} + 8.351466603$
$\quad \times 10^{-3} e^{2a_0 \eta} + 2.229594910 \times 10^{-4} e^{3a_0 \eta})$

$\theta(\eta) = e^{\gamma \eta} + \eta - 0.4586435961 e^{\gamma \eta} + 0.1185697659 \eta e^{\gamma \eta} + \eta (2.066802367 e^{\gamma \eta}$
$\quad + 6.769525542 \times 10^{-2} e^{2\gamma \eta} + 7.994077346 \times 10^{-3} e^{3\gamma \eta})$
$\quad + \eta^2 (1.065918777 e^{\gamma \eta} + 4.00849128 \times 10^{-2} e^{2\gamma \eta} + 2.188996800$
$\quad \times 10^{-2} e^{3\gamma \eta}) + \eta^3 (8.687709982 \times 10^{-1} e^{\gamma \eta}$

$$+ 1.964316456 \times 10^{-1} e^{2\gamma_0 \eta} + 1.664896360 \times 10^{-2} e^{3\gamma_0 \eta})$$

其中 $a_0 = -2.974098671$ 和 $\gamma_0 = -2.40325036$，相应壁摩擦系数 $f''(0)$ 和壁面温度梯度分别等于 2.142984882 和 -0.4121373298。

2. 数值解方法

本书也利用一个有效的打靶法对方程（5-28）和方程（5-29）在边界条件式（5-30）和式（5-31）下进行了数值求解。首先，将方程转变成一阶微分方程组的初值问题：

$$f' = f_1, \quad f_1' = f_2, \quad \theta = f_3, \quad f_3' = f_4$$

$$f_2' = -\frac{1+m}{2} f f_2 + m f_1^2 + M f_1 - \left(\gamma \sin \frac{\Omega}{2}\right) f_3 - m - M$$

$$f_4' = -\frac{Pr}{1+Nr} \left\{ \frac{1+m}{2} f f_4 - 2m f_1 f_3 - Ec \left[M f_1^2 - (m+M) f_1 \right] \right\} \quad (5-51)$$

相应初值条件为

$$f(0) = C, \quad f_1(0) = R, \quad f_2(0) = \alpha_1, \quad f_3(0) = 1, \quad f_4(0) = \alpha_2 \quad (5-52)$$

首先选择合适的 α_1 和 α_2 的初始猜测值，对 α_1 和 α_2 采用割线迭代并利用四阶 Runge – Kutta 法迭代求解初值问题式（5-51）和式（5-52），直到满足边界条件 $f'(\eta_\infty) = 1$, $f''(\eta_\infty) = 0$, $\theta(\eta_\infty) = 1$ 和 $\theta'(\eta_\infty) = 0$。求解中步长选取为 $\Delta \eta = 0.001$；打靶的误差控制到小于 10^{-5}；计算中需要根据不同的参数值调节 η_∞ 值，以保持误差精度。

5.2.3 结果分析

利用 DTM – BF 解析方法和数值方法分别对速度比例参数在 $R>1$ 和 $R<1$ 两种流动情况下磁场参数 M，角度参数 β，抽吸喷注参数 C，混合对流参数 γ，热辐射参数 Nr，Eckert 数 Ec 和 Prandtl 数 Pr 的不同值进行了计算。所有的解析结果均和数值结果进行了对比，对比结果如表 5-6、表 5-7 以及图 5-8 ~ 图 5-19 所示，从表 5-6 和表 5-7 可以看出解析结果和数值结果之间相对误差（相对误差 = |（解析解 – 数值解）/数值解|）的最大值为 1.546%，从图 5-8 ~ 图 5-19 可以发现速度和温度分布的解析解结果和数

值解结果吻合较好。

表5-6 当 $Pr=1$,$C=1$,$Nr=1$,$\gamma=0.8$,$m=0.1$ 和 $Ec=0.5$ 时,对参数 M 和 R 的不同值相应的 $f''(0)$ 和 $\theta'(0)$ 结果的对照

M	R	$f''(0)$			$-\theta'(0)$		
		解析解	数值解	相对误差	解析解	数值解	相对误差
0	0.1	1.02867	1.02491	0.367%	0.62312	0.62647	0.534%
	2.0	-1.12354	-1.12286	0.061%	0.87572	0.87814	0.276%
3	0.1	1.99103	1.99126	0.012%	0.78717	0.78615	0.130%
	2.0	-2.14299	-2.14413	0.053%	0.41214	0.40796	1.024%
10	0.1	3.19961	3.20005	0.014%	0.97091	0.96929	0.167%
	2.0	-3.50107	-3.49979	0.037%	-0.15929	-0.15701	1.452%

表5-7 当 $Pr=1$,$C=-0.2$,$Nr=1$,$\gamma=1$,$M=1$ 和 $Ec=0.1$ 时,对参数 β 和 R 的不同值相应的 $f''(0)$ 和 $\theta'(0)$ 结果的对照

β	R	$f''(0)$			$-\theta'(0)$		
		解析解	数值解	相对误差	解析解	数值解	相对误差
0	0.5	0.51505	0.51690	0.358%	0.34090	0.33739	1.040%
	1.1	-0.10827	-0.10829	0.018%	0.37313	0.37273	0.107%
2/3	0.5	1.05855	1.06037	0.172%	0.75008	0.75252	0.324%
	1.1	0.19548	0.19554	0.030%	0.87858	0.87660	0.226%
1	0.5	1.16263	1.16433	0.146%	0.98860	0.99181	0.324%
	1.1	0.13659	0.13451	1.546%	1.17321	1.17550	0.195%

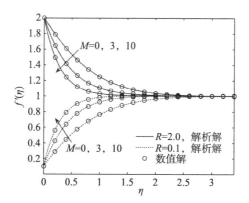

图5-8 当 $\gamma=0.8$,$m=0.1$,$C=1.0$,$Ec=0.1$,$Nr=1.0$ 和 $Pr=1.0$ 时,对参数 M 和 R 的不同值利用解析解方法和数值方法分别得到的速度分布

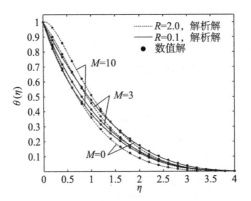

图 5-9　当 $\gamma=0.8$，$m=0.1$，$C=1.0$，$Ec=0.1$，$Nr=1.0$ 和 $Pr=1.0$ 时，对参数 M 和 R 的不同值利用解析解方法和数值方法分别得到的温度分布

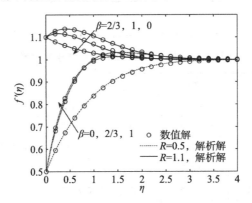

图 5-10　当 $\gamma=1.0$，$C=-0.2$，$M=1.0$，$Ec=0.1$，$Nr=1.0$ 和 $Pr=1.0$ 时，对参数 β 和 R 的不同值利用解析解方法和数值方法分别得到的速度分布

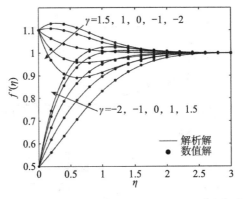

图 5-11　当 $m=1.0$，$C=0.5$，$M=1.0$，$Ec=0.1$，$Nr=1.0$ 和 $Pr=1.0$ 时，对参数 γ 和 R 的不同值利用解析解方法和数值方法分别得到的速度分布

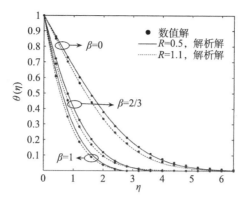

图 5-12 当 $\gamma=1.0$, $C=-0.2$, $M=1.0$, $Ec=0.1$, $Nr=1.0$ 和 $Pr=1.0$ 时，对参数 β 和 R 的不同值利用解析解方法和数值方法分别得到的温度分布

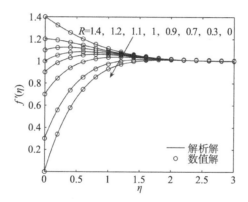

图 5-13 当 $m=0.5$, $C=0.5$, $M=1.0$, $\gamma=1.0$, $Ec=0.1$, $Nr=1.0$ 和 $Pr=1.0$ 时，对参数 R 的不同值利用解析解方法和数值方法分别得到的速度分布

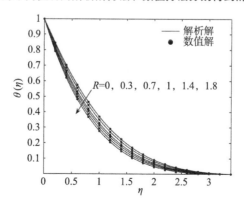

图 5-14 当 $m=0.5$, $C=0.5$, $M=1.0$, $\gamma=1.0$, $Ec=0.1$, $Nr=1.0$ 和 $Pr=1.0$ 时，对参数 R 的不同值利用解析解方法和数值方法分别得到的温度分布

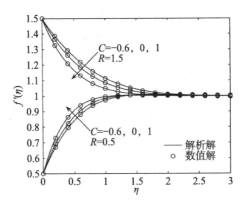

图 5-15　当 $m=1.0$, $C=0.5$, $M=1.0$, $\gamma=0.8$, $Ec=0.1$, $Nr=1.0$ 和 $Pr=1.0$ 时，对参数 C 和 R 的不同值利用解析解方法和数值方法分别得到的速度分布

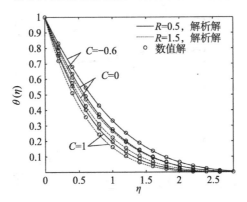

图 5-16　当 $m=1.0$, $C=0.5$, $M=1.0$, $\gamma=0.8$, $Ec=0.1$, $Nr=1.0$ 和 $Pr=1.0$ 时，对参数 C 和 R 的不同值利用解析解方法和数值方法分别得到的温度分布

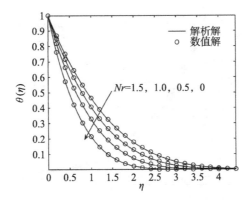

图 5-17　当 $m=0.1$, $M=2.0$, $\gamma=0.8$, $R=0.5$, $Ec=0.2$, $C=1.5$ 和 $Pr=1.0$ 时，对参数 Nr 的不同值利用解析解方法和数值方法分别得到的温度分布

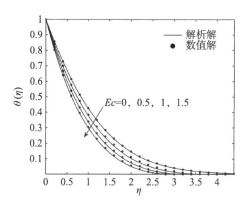

图 5-18 当 $m=0.1$, $M=2.0$, $\gamma=0.8$, $R=0.5$, $Nr=1.0$, $C=1.5$ 和 $Pr=1.0$ 时，对参数 Ec 的不同值利用解析解方法和数值方法分别得到的温度分布

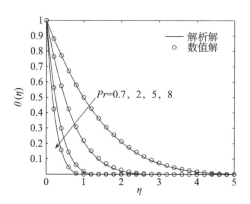

图 5-19 当 $m=0.1$, $M=2.0$, $\gamma=0.8$, $R=0.5$, $Nr=1.0$, $C=1.5$ 和 $Ec=0.2$ 时，对参数 Pr 的不同值利用解析解方法和数值方法分别得到的温度分布

表 5-6、图 5-8 和图 5-9 给出了磁场参数 M 对速度分布的影响。表 5-6 和图 5-8 显示当 $R>1$ 和 $R<1$ 两种情况下，M 值的增加均导致壁摩擦系数的绝对值 $|f''(0)|$ 增加和动量边界层厚度的减少。表 5-6 和图 5-9 显示 M 值的增加使得在 $R<1$ 的情况下，壁面温度梯度绝对值 $|\theta'(0)|$ 增加和边界层内固定点处温度的减少；但值得注意的是，对于 $R>1$ 的情况，M 值的增加却有着与 $R<1$ 的情况相反的影响。

表 5-7 说明了当 $R<1$ 时，壁摩擦系数 $f''(0)$ 随着楔形角度参数 β 的增加而增加；而当 $R>1$ 时，$f''(0)$ 随着参数 β 的增加先递增然后递减；但是

在 $R>1$ 和 $R<1$ 两种情况下壁面温度梯度绝对值 $|\theta'(0)|$ 均随着楔形角度参数 β 的增加而增加。从图 5-10 可以看出当 $R=0.5$ 或 $R=1.1$ 时，随着楔形角度参数 β 的增加边界层速度将逐渐存在一个峰值然后再衰减到主流速度，而且还观察到相对于 β 的增加，速度的峰值均是先增加然后递减。

从图 5-11 可以看出对于浮力顺向流（$\gamma>0$）类似于角度参数 β 的影响，随着混合对流参数 γ 的增加也将逐渐存在一个峰值然后衰减到主流速度，但是不同之处是峰值随着参数 γ 单调递增。对于浮力反向流（$\gamma<0$），当 $R=0.5$ 时，速度不存在峰值，而是从壁面速度值单调递增到主流速度，而当 $R=1.1$ 时，速度先递减到一个谷值然后递增到主流速度，而且谷值随着 $|\gamma|$ 值的增加而递减。图 5-12 显示角度参数 β 的增加使得在 $R<1$ 和 $R>1$ 两种情况下温度边界层的厚度均递减。

图 5-13 和图 5-14 给出了速度比例参数 R 的变化对速度和温度分布的影响。速度比例参数 R 的增加使得边界层内速度值增加，而且当 R 值渐渐接近于 1 时流体的速度逐渐存在一个峰值，同时速度边界层的厚度变薄，这说明当 R 越接近 1 时混合对流参数 γ 的作用越明显。图 5-13 展示了在 $R<1$ 和 $R>1$ 两种情况下 R 的增加均使得温度和温度边界层的厚度递减。

图 5-15 和图 5-16 给出的是抽吸喷注参数 C 对速度和温度分布的影响，在 $R<1$ 和 $R>1$ 两种情况下：C 的递增均使得速度梯度增加，速度边界层变薄；另外，抽吸使得固定点处的温度降低，而喷注却相反，使得温度升高。

由图 5-17、图 5-18 和图 5-19 可以得出 Eckert 数 Ec 和 Prandtl 数 Pr 增大将提高边界层内温度，使温度边界层变薄，而当热辐射参数 Nr 增加将得到相反的效果。

5.3 纳米流体在延伸楔形壁面上 MHD 混合对流

5.3.1 数学模型

考虑四种纳米粒子（Cu，Al_2O_3，TiO_2 和 Ag）分别组成的纳米流体在存在辐射和焦耳热情况下延伸楔形壁面上的 MHD 混合对流。如图 5-7 所示，主流速度为 $u_\infty = u_0 x^m$，壁面延伸速度为 $u_w = Ru_\infty$（$R \geq 0$ 为速度比例参数），主流温度为 T_∞，壁面温度 T_w；楔形物顶角为 $\Omega = \beta\pi$，其中 $\beta = 2m/(m+1)$ 也称为 Hartree 压力梯度参数或角度参数，$\beta = 0$ 和 $\beta = 1$ 分别对应于水平和垂直壁面的情况。磁场 $B(x)$ 垂直于楔形物壁面，$R = U_w/U_\infty$ 为壁面延伸速度与纳米流体的主流速度之比。在小磁场雷诺数情况下，可以忽略诱导磁场的影响，带有热辐射和焦耳热纳米流体混合对流和热传输控制方程为

$$\frac{\partial u}{\partial x} + \frac{\partial v}{\partial y} = 0 \tag{5-53}$$

$$u\frac{\partial u}{\partial x} + v\frac{\partial u}{\partial y} = \frac{1}{\rho_{nf}}\left[-\frac{\partial p}{\partial x} + \mu_{nf}\frac{\partial^2 u}{\partial y^2} + (\rho\beta_0)_{nf} g(T - T_\infty)\sin\frac{\Omega}{2} - \sigma B^2 u\right] \tag{5-54}$$

$$u\frac{\partial T}{\partial x} + v\frac{\partial T}{\partial y} = \alpha_{nf}\frac{\partial^2 T}{\partial y^2} + \frac{\nu_{nf}}{(\rho C_p)_{nf}}\left(\frac{\partial u}{\partial y}\right)^2 - \frac{1}{(\rho C_p)_{nf}}\frac{\partial q_r}{\partial y} + \frac{\sigma B^2}{(\rho C_p)_{nf}}u^2 \tag{5-55}$$

相应边界条件为

$$u(x,0) = u_w,\ v(x,0) = v_w,\ T(x,0) = T_w \tag{5-56}$$

$$u(x,\infty) = u_\infty,\ T(x,\infty) = T_\infty \tag{5-57}$$

这里动量方程中的压力项 $\frac{\partial p}{\partial x}$ 可以表示为 $\frac{\partial p}{\partial x} = -\rho_{nf} u_\infty \frac{\mathrm{d}u_\infty}{\mathrm{d}x} - \sigma B^2 u_\infty$，壁面的抽吸或喷注速度为 $v_w = -C(\nu u_0)^{\frac{1}{2}}\frac{m+1}{2}x^{\frac{m-1}{2}}$，$B(x) = B_0 x^{(m-1)/2}$ 表示磁场；φ 是纳米粒子的体积分数，μ_f 纳米流体的黏度 ρ_f 和 ρ_s 分别为纳米流体基液和纳米粒子的密度，μ_{nf}，α_{nf}，ρ_{nf}，$(\rho C_p)_{nf}$，$(\rho\beta_0)_{nf}$ 和 k_{nf} 分别是纳米流体的黏度、热扩散系数、密度、热容量、热膨胀系数和热导率，它们的表达式为：[203]

$$\mu_{nf} = \frac{\mu_f}{(1-\varphi)^{2.5}},\ \alpha_{nf} = \frac{k_{nf}}{(\rho C_p)_{nf}},\ \rho_{nf} = (1-\varphi)\rho_f + \varphi\rho_s \tag{5-58}$$

$$(\rho C_p)_{nf} = (1-\varphi)(\rho C_p)_f + \varphi(\rho C_p)_s,\ (\rho\beta_0)_{nf} = (1-\varphi)(\rho\beta_0)_f + \varphi(\rho\beta_0)_s \tag{5-59}$$

$$k_{nf} = \frac{(k_s + 2k_f) - 2\varphi(k_f - k_s)}{(k_s + 2k_f) + \varphi(k_f - k_s)} k_f \qquad (5-60)$$

其中 k_f 和 k_s 分别是基液和纳米粒子的热导率，$(\beta_0)_f$ 和 $(\beta_0)_s$ 分别为基液和纳米粒子的热膨胀系数，辐射热流 q_r 通过采用 Rosseland 和对 T^4 的一阶泰勒近似可表示为 $q_r = -\frac{16T_\infty^3 \sigma^*}{3k^*} \frac{\partial T}{\partial y}$，这里 σ^* 和 k^* 分别是 Stefan–Boltzman 常数和平均辐射吸收系数。

然后引入下面的变换：

$$\eta = u_\infty^{\frac{1}{2}} (\nu x)^{-\frac{1}{2}} y, \quad \psi = (u_\infty x \nu)^{\frac{1}{2}} f(\eta), \quad \theta(\eta) = \frac{T - T_\infty}{T_w - T_\infty} \qquad (5-61)$$

这里 η 是相似变量，$\psi(x,y)$ 是流函数有 $u = \frac{\partial \psi}{\partial y}$ 和 $v = -\frac{\partial \psi}{\partial x}$，并使得连续方程 (5-53) 满足。

函数 $f' = u/u_\infty$ 和 θ 分别是纳米流体的无量纲速度和温度，将方程 (5-61) 代入方程 (5-54) 和方程 (5-55) 中，这样方程 (5-53) ~ 方程 (5-55) 可以转化为下面耦合的非线性的相似解方程：

$$f'''(\eta) + \left[(1-\varphi) + \varphi\left(\frac{\rho_s}{\rho_f}\right)\right](1-\varphi)^{2.5} \frac{1+m}{2} f(\eta) f''(\eta)$$
$$+ \left[(1-\varphi) + \varphi\left(\frac{\rho_s}{\rho_f}\right)\right] \times (1-\varphi)^{2.5} m \left[1 - (f'(\eta))^2\right]$$
$$- (1-\varphi)^{2.5} M (f'(\eta) - 1) + (1-\varphi)^{2.5}$$
$$\times \left[(1-\varphi) + \varphi \frac{(\rho\beta)_s}{(\rho\beta)_f}\right]\left(\gamma \sin \frac{\Omega}{2}\right)\theta = 0 \qquad (5-62)$$

$$Pr^{-1} \frac{1}{(1-\varphi) + \varphi \frac{(\rho C_p)_s}{(\rho C_p)_f}} \frac{k_{nf}}{k_f} (1+Nr) \theta'' + \frac{1+m}{2} f \theta' - 2m f' \theta$$
$$+ \frac{Ec}{(1-\varphi) + \varphi \frac{(\rho C_p)_s}{(\rho C_p)_f}} \left[(f'')^2 + M(f')^2\right] = 0 \qquad (5-63)$$

方程 (5-62) ~ 方程 (5-63) 中出现的参数如下：

$$Gr_x = \frac{g\beta_f(T_w - T_\infty)x^3}{\nu_f^2}, \quad Re_x = \frac{u_\infty x}{\nu_f}, \quad Ec = \frac{u_\infty^2}{(C_p)_f(T_w - T_\infty)} \qquad (5-64)$$

第 5 章 纵掠延伸楔形壁面的 MHD 动量和热边界层

$$Pr = \frac{\nu_f}{\alpha_f}, \quad M = \frac{\sigma B_0^2}{\rho_f u_0}, \quad \gamma = \frac{Gr_x}{Re_x^2}, \quad Nr = \frac{16T_\infty^3 \sigma_0}{3k^* k_{nf}} \quad (5-65)$$

这里 Gr_x，Re_x，Ec 和 Pr 分别是局部 Grashof 数、局部雷诺数、Eckert 数和 Prandtl 数；M 是磁场参数，γ 为混合对流参数，Nr 是辐射参数。相应的边界条件为

$$f(0) = C, \quad f'(0) = R, \quad f'(+\infty) = 1 \quad (5-66)$$

$$\theta(0) = 1, \quad \theta(+\infty) = 0 \quad (5-67)$$

这里 C 为抽吸喷注参数，$C<0$ 为喷注，$C>0$ 相应为抽吸。当 $R>0$ 时壁面顺着主流方向进行延伸，并且有：$R=0$ 对应于静止壁面；$R>1$，壁面延伸速度快于主流速度；$0<R<1$，壁面延伸速度慢于主流速度。

壁面摩擦系数 C_f 和局部 Nusselt 数 Nu_x 分别为

$$C_f = \frac{\mu_{nf}}{\frac{1}{2}\rho_f u_\infty^2}\left(\frac{\partial u}{\partial y}\right)_{y=0} = \frac{1}{(1-\varphi)^{2.5}} 2Re_x^{-\frac{1}{2}} f''(0) \quad (5-68)$$

$$Nu_x = -\frac{k_{nf} x}{k_f (T_w - T_\infty)}\left(\frac{\partial T}{\partial y}\right)_{y=0} = -Re_x^{\frac{1}{2}} \frac{k_{nf}}{k_f} \theta'(0) \quad (5-69)$$

5.3.2 问题的求解

利用四阶 Runge-Kutta 法和打靶法对耦合的微分方程（5-62）和式（5-63）在边界条件式（5-66）和式（5-67）进行求解。首先将耦合的非线性微分方程（5-62）和式（5-63）分解成下面的一阶微分方程组：

$$f' = f_1, \quad f'_1 = f_2, \quad \theta = f_3, \quad f'_3 = f_4$$

$$f'_2 = -\left[(1-\varphi) + \varphi\left(\frac{\rho_s}{\rho_f}\right)\right](1-\varphi)^{2.5}\frac{1+m}{2} ff_2 + \left[(1-\varphi) + \varphi\left(\frac{\rho_s}{\rho_f}\right)\right]$$

$$(1-\varphi)^{2.5} m(f_1^2 - 1) + (1-\varphi)^{2.5} M(f_1 - 1) - (1-\varphi)^{2.5}$$

$$\left[(1-\varphi) + \varphi\frac{(\rho\beta)_s}{(\rho\beta)_f}\right]\left(\gamma \sin\frac{\Omega}{2}\right) f_3$$

$$f'_4 = -Pr\left[(1-\varphi) + \varphi\frac{(\rho C_p)_s}{(\rho C_p)_f}\right]\frac{k_f}{k_{nf}}\left(\frac{1+m}{2} ff_4 - 2m f_1 f_3\right) \quad (5-70)$$

相应初值条件为

$$f(0) = C, \quad f_1(0) = R, \quad f_2(0) = \alpha_1, \quad f_3(0) = 1, \quad f_4(0) = \alpha_2 \quad (5-71)$$

然后选择 α_1 和 α_2 合适的初始猜测值,对 α_1 和 α_2 采用割线迭代并利用四阶 Runge – Kutta 法迭代求解初值问题式(5 – 70)和式(5 – 71),直到满足边界条件 $f'(\eta_\infty) = 1$,$f''(\eta_\infty) = 0$,$\theta(\eta_\infty) = 1$ 和 $\theta'(\eta_\infty) = 0$。求解的误差控制在 10^{-5} 内,步长选取为 $\Delta\eta = 0.001$。为了保持计算的收敛精度,根据不同的参数值,相应选取 η_∞ 的近似值。

5.3.3 结果分析

利用数值方法对四种纳米粒子(Cu,Al_2O_3,TiO_2 和 Ag)构成的纳米流体在不同纳米粒子体积分数 φ、速度比例参数 R、磁场参数 M、角度参数 β、抽吸喷注参数 C、混合对流参数 γ、热辐射参数 Nr、Eckert 数 Ec 和 Prandtl 数 Pr 条件下的流动和传热进行了计算,得到了相应的速度和温度分布。本节研究的纳米流体,纳米粒子的体积分数 φ 的变化幅度为 $0 \sim 0.12$,即 $0 \leq \varphi \leq 0.12$,本书以水为基液,所以将 Prandtl 数 Pr 保持常数为 6.7850;纳米粒子的热物性如表 5 – 8 所示。计算结果如图 5 – 20 ~ 图 5 – 29 所示,结果分析如下:

表 5 – 8 H_2O 和纳米粒子的热物性[195,203]

	ρ, $kg \cdot m^{-3}$	C_p, $Jkg^{-1} \cdot m^{-3}$	k, $W \cdot m^{-1} \cdot K^{-1}$	$\beta \times 10^{-5}$, K^{-1}
H_2O	997.1	4179	0 – 613	21
Ag	10500	235	429	1.89
Cu	8933	385	401	1.67
Al_2O_3	3970	765	40	0.85
TiO_2	4250	686.2	8.9538	0.9

图 5 – 20 和图 5 – 21 阐明了当速度参数 $R = 0.9$ 和 $R = 1.1$ 两种情况下四种纳米粒子对流动和热传输性质的影响。首先可以得到纳米流体的速度先单调地递增达到最大值,然后单调衰减到主流速度。此外,Cu 和 Ag 纳米粒子的速度分布比较接近,而与 Cu 和 Ag 相比,Al_2O_3 的速度分布更接近于 TiO_2 的速度分布。从 TiO_2、Al_2O_3、Cu 到 Ag,温度边界层的厚度依次增加,温度梯度降低,这证明了对此对流问题,Cu 和 Ag 纳米粒子组成的纳米流体相比之下有着相对较高的热传输性能,不过这四种纳米粒子对应的温度分布之间具有一定程度的差异,差别不是特别的显著。

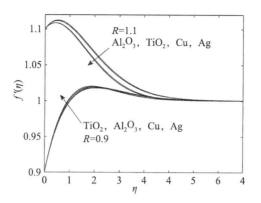

图 5-20　当 $\gamma=1.2$，$\beta=2/3$，$C=-0.5$，$Ec=0.01$，$Nr=1.0$ 和 $\varphi=0.12$ 时，相应于不同纳米粒子和 R 的不同值的速度分布

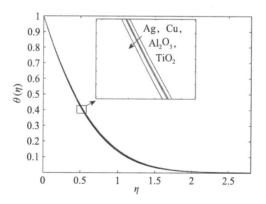

图 5-21　当 $\gamma=1.2$，$\beta=2/3$，$C=-0.5$，$Ec=0.01$，$Nr=1.0$ 和 $\varphi=0.12$ 时，相应于不同纳米粒子和 R 的不同值的温度分布

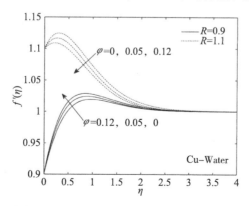

图 5-22　当 $\gamma=1.2$，$\beta=2/3$，$C=-0.5$，$Ec=0.01$，$Nr=1.0$ 和 $M=0.3$ 时，相应于不同纳米粒子体积分数 φ 和 R 的不同值的速度分布

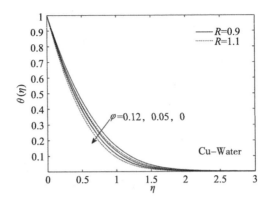

图 5-23　当 $\gamma=1.2$，$\beta=2/3$，$C=-0.5$，$Ec=0.01$，$Nr=1.0$ 和 $M=0.3$ 时，相应于不同纳米粒子体积分数 φ 和 R 的不同值的温度分布

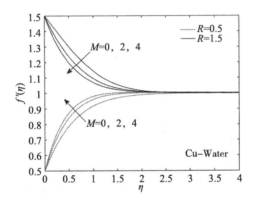

图 5-24　当 $\gamma=1.2$，$\beta=2/3$，$C=-0.5$，$Ec=0.01$，$Nr=1.0$ 和 $\varphi=0.05$ 时，相应于不同磁场参数 M 和 R 的不同值的速度分布

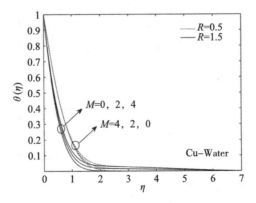

图 5-25　当 $\gamma=1.2$，$\beta=2/3$，$C=-0.5$，$Ec=0.01$，$Nr=1.0$ 和 $\varphi=0.05$ 时，相应于不同磁场参数 M 和 R 的不同值的温度分布

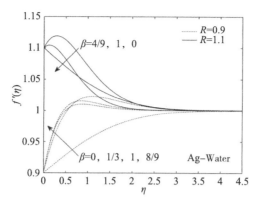

图 5-26　当 $\gamma=1.2$, $M=0.3$, $C=-0.5$, $Ec=0.01$, $Nr=1.0$ 和 $\varphi=0.05$ 时，相应于楔形角度参数 β 和 R 的不同值的速度分布

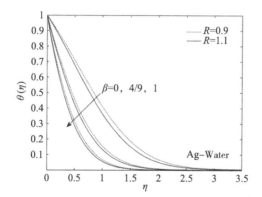

图 5-27　当 $\gamma=1.2$, $M=0.3$, $C=-0.5$, $Ec=0.01$, $Nr=1.0$ 和 $\varphi=0.05$ 时，相应于楔形角度参数 β 和 R 的不同值的温度分布

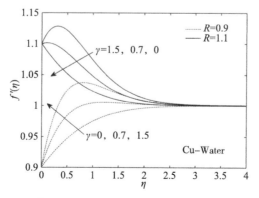

图 5-28　当 $\beta=2/3$, $M=0.3$, $C=-0.5$, $Ec=0.01$, $Nr=1.0$ 和 $\varphi=0.05$ 时，相应于混合对流参数 γ 和 R 的不同值的速度分布

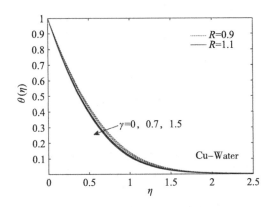

图 5-29 当 $\beta=2/3$, $M=0.3$, $C=-0.5$, $Ec=0.01$, $Nr=1.0$ 和 $\varphi=0.05$ 时，相应于混合对流参数 γ 和 R 的不同值的温度分布

图 5-22 和图 5-23 给出了不同 Cu 纳米粒子体积分数 φ 下的速度分布图。值得注意的是对速度参数分别为 $R=0.9$ 和 $R=1.1$ 情况下的对流，从这两个图可以看到：与纯基液流体（Water，$\varphi=0$）相比，纳米粒子的体积分数的变化对动量和热传输产生了相对较大的影响。结果明显地显示出纳米粒子体积分数 φ 的增加使得此对流问题的速度和温度边界层均变薄，其原因在于体积分数 φ 的增加提高了纳米流体的黏性和热导率。而且，发现在 $R=0.9$ 和 $R=1.1$ 两种情况下，速度分布 $f'(\eta)$ 的峰值随着 φ 的增加而单调递减。

图 5-24 说明了磁场参数 M 在 $R>1$ 和 $R<1$ 两种情况下对纳米流体（Cu-water）的影响是一致的，M 值的增加均使得速度边界层厚度降低和速度梯度增加。而图 5-25 可以看到在 $R>1$ 和 $R<1$ 两种情况下的影响是不一致的：在 $R=0.5$ 时，增加 M 值使得固定点处温度降低和温度梯度增加；与之相对，当 $R=1.5$ 时，增加 M 值却得到相反的效果，即固定点处纳米流体的温度降低和增加了边界层内的温度梯度。

由图 5-26，在楔形角度参数 β 较小时，纳米流体（Ag-water）边界层的速度 $f'(\eta)$ 是单调地趋于主流速度，而当参数 β 增加到一定值时，速度 $f'(\eta)$ 将单调地增加到一个峰值，然后再递减到主流速度。而且，还观察到速度的峰值相对于 β 的增加，均是先增加然后递减。图 5-27 显示在 $R<1$ 和

$R>1$ 两种情况下，角度参数 β 对边界层温度的影响是一致的，其值的增加均使得温度边界层的厚度递减。

图 5-28 和图 5-29 给出了在 $R<1$ 和 $R>1$ 两种情况下混合对流参数 γ 对纳米流体（Cu-water）对流的影响，可以得出固定点处纳米流体的速度随着壁面延伸的速度的增加而增加，且当延伸速度和主流速度相互接近时，速度将由单调趋于主流速度逐渐变化，速度先单调递增达到一个峰值然后再递减到主流速度。同时，壁面延伸速度的增加将使得固定点处的温度递减和温度梯度递增。

5.4 小 结

本章研究了主流非静止情况下楔形延伸壁面上的 MHD 边界层问题，从解析求解、混合对流和纳米粒子的作用等方面进行了研究，其中对带滑移边界条件的 MHD 流动问题和 MHD 混合对流问题进行了解析求解，并将部分结果和已有文献中结果进行了对照。本章也给出了所有的数值结果，这些结果之间均非常吻合，同时得到了相应的流动和传热行为特点：

1）当滑移参数 h 增加时，壁摩擦系数 $|f''(0)|$ 和边界层内速度梯度快速递减，边界层内的速度明显的递增，说明在滑移边界条件下由壁面延伸产生的动量只有部分能传输到流体中；同时也揭示了当速度滑移开始增加时，流体和楔形壁面间的摩擦阻力减少了。以往相关文献大多是壁面无抽吸喷注和主流静止情况下对楔形壁面 MHD 边界层流动进行解析或数值求解，本书利用 DTM-BF 对以往相关文献工作进行了深化。

2）速度比例参数 R 变化时对应的速度分别表明当来流速度和延伸速度相互接近时边界层速度梯度和边界层厚度变小，但对于 MHD 混合对流发现速度比例参数 R 接近于 1，无量纲速度将先单调地达到一个最值，然后再趋于 1，这说明了当来流速度和延伸速度较接近时，热浮力起的作用将越来越重要。同时，速度比例参数 R 的增加将使得边界层内温度递减。

3）与前面几章的结论类似，同样得到，在 $R<1$ 和 $R>1$ 即在来流速度快于和慢于壁面延伸速度两种情况下，磁场参数的增加将导致边界层内温度产生相反的效果。

4）楔形角度参数从0增加到1即由平行变为垂直的过程中，在不考虑温度影响的情况下，将增加壁摩擦系数 $f''(0)$ 和速度梯度；但对于相应的混合对流情况，发现随着楔形角度的增加，速度将由单调趋于主流速度逐渐变为先单调趋于一个峰值然后再单调趋于主流速度。同时，在由平行变为垂直的过程中边界层内温度将降低，温度边界层厚度变小。

5）对于楔形延伸壁面，浮力顺向流（$\gamma>0$）随着混合对流参数 γ 的增加也将逐渐存在一个峰值，然后衰减到主流速度，其峰值随着参数 γ 单调递增。对于浮力反向流（$\gamma<0$），将可能先递减到一个谷值然后递增到主流速度，而且谷值随着 $|\gamma|$ 值的增加而递减。

6）四种纳米粒子（Cu，Al_2O_3，TiO_2 和 Ag）构成的纳米流体在延伸楔形壁面上 MHD 对流显示，通过在流体中添加纳米粒子能对流体的速度和温度产生一定的影响，从 TiO_2、Al_2O_3、Cu 到 Ag 温度边界层的厚度依次增加，温度梯度降低，这与实际中 Cu 和 Ag 纳米粒子组成的纳米流体有着相对较高的热传输性能相符。另外从体积分数的速度和分布图可以看到，虽然这四种纳米粒子种类对速度场和温度场的影响壁面接近，但是相比不添加纳米粒子即纳米粒子体积分数等于0的情况，具有明显的差异，在不同速度比例的情况下，纳米粒子的添加均明显地提高了热传输效率。

第6章 霍尔效应条件下延伸楔形壁面的MHD动量和热边界层

如4.1节所述,当外磁场较强时,霍尔效应对磁流体的流动和传热有着显著的影响,目前对于壁面水平延伸时,霍尔效应下的流动和传热问题已有一些文献着眼于不同的角度进行了分析,而对于楔形延伸壁面上的霍尔电流对动量和能量传输行为特点的研究还相对较少,本章将着眼于考虑在霍尔效应影响下的磁流体绕流楔形壁面流动和传热问题。

6.1 数学模型

考虑在主流静止的磁流体中楔形壁面以速度 $u_w = u_0 x^m$ 延伸,壁面温度为 T_w,边界层流体温度为 T_∞,外磁场沿着 y 轴方向磁场为 $\vec{B}$,如图6-1所示;假设磁雷诺数 $Re_m \ll 1$,诱导磁场可以忽略。一般来说,在强磁场作用下,霍尔电流将产生一个 z 轴方向的力,这将引起一个 z 轴方向的流动,因此流动为三维流动。根据包含霍尔电流的欧姆定律[140-143]

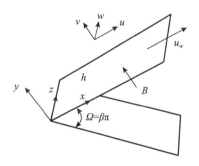

图6-1 霍尔效应下的楔形延伸壁面上的MHD边界层流动和传热

$$\vec{J} = \sigma(\vec{E} + \vec{V} \times \vec{B} - \beta_1(\vec{J} \times \vec{B})) \quad (6-1)$$

这里 $\vec{J} = (J_x, J_y, J_z)$ 是电流密度矢量,$\vec{V}$ 是速度矢量,$\vec{E}$ 是电场矢量,$\vec{B} =$

$(0, B, 0)$ 为磁感应强度矢量，σ 是介质电导率，β_1 是霍尔因子，忽略离子滑移影响，因为流场没有施加外电场，假设壁面不是导体且在 z 轴方向是无限大，因此可以假定 z 轴方向的流动性质不发生变化。基于以上假设在流场各处均有 $J_y = 0$，通过从方程（6-1）求解电流密度 $\vec{J}$ 可得

$$\vec{J} \times \vec{B} = \frac{\sigma B^2}{1 + Be^2}[(u + Bew)\vec{i} + (w - Beu)\vec{k}] \quad (6-2)$$

这里 $Be = \sigma\beta_1 B$ 为霍尔参数，则描述连续性、动量守恒和能量守恒的方程分别为[205]

$$\frac{\partial u}{\partial x} + \frac{\partial v}{\partial y} = 0 \quad (6-3)$$

$$u\frac{\partial u}{\partial x} + v\frac{\partial u}{\partial y} = \nu\frac{\partial^2 u}{\partial y^2} + g\beta\sin\frac{\Omega}{2}(T - T_\infty) - \frac{\sigma B^2}{\rho(1 + Be^2)}(u + Bew) \quad (6-4)$$

$$u\frac{\partial w}{\partial x} + v\frac{\partial w}{\partial y} = \nu\frac{\partial^2 w}{\partial y^2} - \frac{\sigma B^2}{\rho(1 + Be^2)}(w - Beu) \quad (6-5)$$

$$\rho c_p\left(u\frac{\partial T}{\partial x} + v\frac{\partial T}{\partial y}\right) = \alpha\frac{\partial^2 T}{\partial y^2} \quad (6-6)$$

相应边界条件为

$$y = 0: \quad u = L\frac{\partial u}{\partial y}, \quad v = 0, \quad w = 0, \quad T = T_w \quad (6-7)$$

$$y = \infty: \quad u = 0, \quad w = 0, \quad T = T_\infty \quad (6-8)$$

其中 $L = h\left[\frac{2\nu x}{(m+1)u_w}\right]^{1/2}$ 为壁面速度滑移系数，引入下面的相似变量：

$$u = u_w f'(\eta), \quad v = -\sqrt{\frac{(m+1)\nu u_w}{2x}}\left(f(\eta) + \frac{m-1}{m+1}\eta f'(\eta)\right), \quad w = u_w g(\eta)$$

$$\theta(\eta) = \frac{T - T_\infty}{T_w - T_\infty}, \quad \eta = y\left[\frac{(m+1)u_w}{2\nu x}\right]^{1/2} \quad (6-9)$$

根据相似变换式（6-9），方程（6-3）自动满足，动量方程和能量方程可转化为

$$f''' + ff'' - \beta f'^2 - \frac{M}{1 + Be^2}(f' + Beg(\eta)) + \left(\gamma\sin\frac{\Omega}{2}\right)\theta = 0 \quad (6-10)$$

第6章 霍尔效应条件下延伸楔形壁面的 MHD 动量和热边界层

$$g'' + fg' - \beta f'g - \frac{M}{1+Be^2}(g - Bef') = 0 \tag{6-11}$$

$$\theta'' + Pr \cdot f\theta' = 0 \tag{6-12}$$

相应边界条件为

$$f(0) = 0, \ f'(0) = 1 + hf''(0), \ f'(+\infty) = 0 \tag{6-13}$$

$$g(0) = 0, \ g'(+\infty) = 0 \tag{6-14}$$

$$\theta(0) = 1, \ \theta(+\infty) = 0 \tag{6-15}$$

这里 $M = 2\sigma B_0^2 / [\rho U_0(1+m)]$ 为磁场参数,$\gamma = \dfrac{g\beta_T(T_w - T_\infty)(m+1)}{2x^{2m-1}}$ 为混合对流参数,h 为壁面速度滑移参数。本章将通过利用 DTM-BF 解析方法对方程 (6-10)~方程(6-15) 进行求解来分析考虑霍尔效应条件下的流动和传热特性。

壁面摩擦系数 C_{fx},C_{fz} 和 Nusselt 数分别为

$$C_{fx} = \mu\left(\frac{\partial u}{\partial y}\right)_{y=0} \bigg/ \left(\frac{1}{2}\rho U_w^2\right) = 2f''(0)/Re_x^{\frac{1}{2}} \tag{6-16}$$

$$C_{fz} = \mu\left(\frac{\partial w}{\partial y}\right)_{y=0} \bigg/ \left(\frac{1}{2}\rho U_w^2\right) = 2g'(0)/Re_x^{\frac{1}{2}} \tag{6-17}$$

$$Nu_x = -x\alpha\left(\frac{\partial T}{\partial y}\right)_{y=0} \bigg/ (\alpha(T_w - T_\infty)) = -\theta'(0)/Re_x^{\frac{1}{2}} \tag{6-18}$$

6.2 问题的求解

由于问题式 (6-10)~式(6-15) 是 3 个耦合的非线性微分方程边值问题,利用 DTM-BF 对问题进行求解时得到的代数方程的未知系数比较多,求解比较困难,因此这里对此问题利用打靶法进行数值求解。为此,先将问题式 (6-10)~式(6-15) 转变成下面一阶微分方程组的初值问题组:

$$f' = f_1, \ f_1' = f_2, \ \theta = f_3, \ f_3' = f_4, \ g = f_5, \ f_5' = f_6$$

$$f_2' = -ff_2 + \beta f_1^2 + \frac{M}{1+Be^2}[f + Beg(\eta)] - \left(\gamma \sin\frac{\Omega}{2}\right)f_3$$

$$f'_4 = -Prff_4$$
$$f'_6 = -ff_6 + \beta f_1 f_5 + \frac{M}{1+Be^2}(g - Bef_1) \tag{6-19}$$

相应初值条件为

$f(0) = C, f_1(0) = R, f_2(0) = \alpha_1, f_3(0) = 1, f_4(0) = \alpha_2, f_5(0) = 0, f_6(0) = \alpha_3$
$$\tag{6-20}$$

通过选择一组合适的 α_1，α_2 和 α_2 的初始猜测值，再对初始值采用割线迭代并利用四阶 Runge – Kutta 法进行迭代求解初值问题式（6 – 19）和式（6 – 20），直至满足边界条件 $f'(\eta_\infty) = 1$，$g(\eta_\infty) = 0$ 和 $\theta(\eta_\infty) = 1$。计算过程中，η_∞ 的近似取值根据参数不同进行相应调整以保持误差精度小于 10^{-4}，同时步长 $\Delta\eta$ 取为 0.001。

6.3 结果分析

通过对相似解方程（6 – 10）~方程（6 – 15）的求解，得到了霍尔效应条件下，相应于霍尔参数 Be、楔形角度参数 β、速度滑移参数 h、磁场参数 M、混合对流参数 γ 和 Prandtl 数 Pr 的流体绕流延伸楔形壁面上的速度和温度分布，分别如图 6 – 2 ~ 图 6 – 7 所示，从这些图可以看到沿 z – 轴向速度 $g(\eta)$ 均是在距离壁面一定的高度增加到一个最大值然后随着离壁面距离的增加逐渐趋于 0。

图 6 – 2 给出了相应于不同霍尔参数 Be 值的无量纲沿 x – 轴向速度 $f'(\eta)$、沿 z – 轴向速度 $g(\eta)$ 和温度 $\theta(\eta)$ 的分布曲线。从这三个图可以看出，对此楔形延伸壁面上的 MHD 边界层传输问题，霍尔参数使得其对速度和温度场的影响越来越明显，而且可以看出当 Be 增加时：① x – 轴向速度 $f'(\eta)$ 递减；② z – 轴向速度 $g(\eta)$ 及其最大值先增加后减小，且当 Be 为 0 或无限大时 z – 轴向速度 $g(\eta)$ 速度消失；③ 温度边界层厚度变薄，边界层内温度递减。

第6章 霍尔效应条件下延伸楔形壁面的MHD动量和热边界层

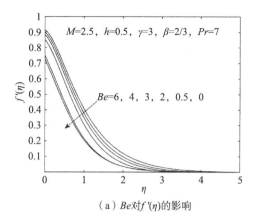

（a）Be 对 $f'(\eta)$ 的影响

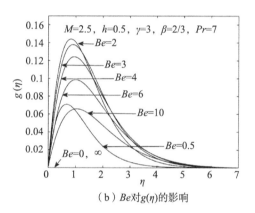

（b）Be 对 $g(\eta)$ 的影响

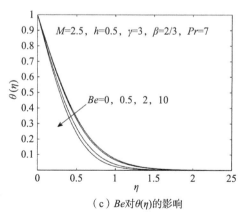

（c）Be 对 $\theta(\eta)$ 的影响

图6-2 霍尔参数 Be 对 $f'(\eta)$、$g(\eta)$ 和 $\theta(\eta)$ 的影响

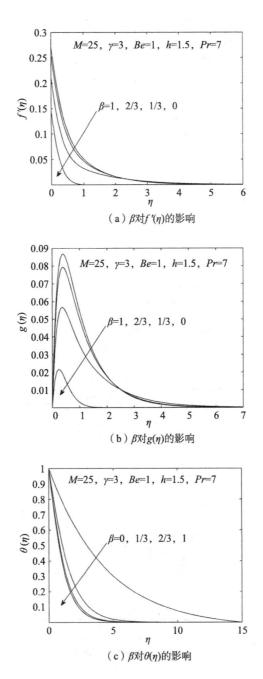

图 6-3 楔形角度参数 β 对 $f'(\eta)$、$g(\eta)$ 和 $\theta(\eta)$ 的影响

第6章 霍尔效应条件下延伸楔形壁面的 MHD 动量和热边界层

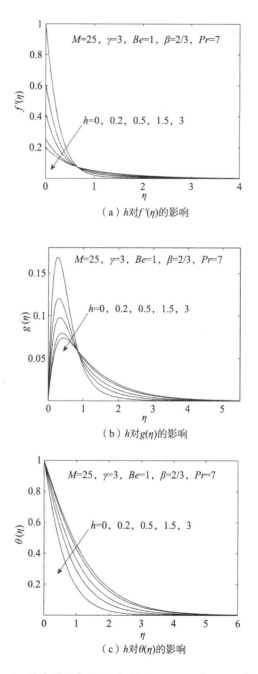

(a) h 对 $f'(\eta)$ 的影响

(b) h 对 $g(\eta)$ 的影响

(c) h 对 $\theta(\eta)$ 的影响

图 6-4 速度滑移参数 h 对 $f'(\eta)$、$g(\eta)$ 和 $\theta(\eta)$ 的影响

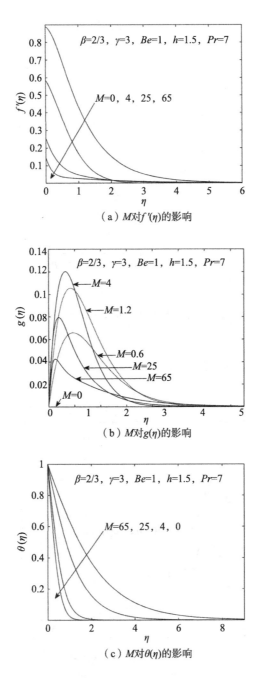

图6-5 磁场参数 M 对 $f'(\eta)$、$g(\eta)$ 和 $\theta(\eta)$ 的影响

第6章 霍尔效应条件下延伸楔形壁面的MHD动量和热边界层

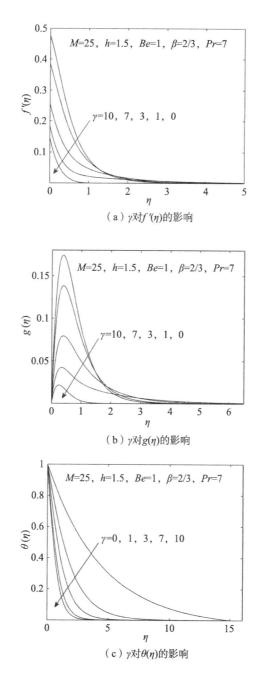

(a) γ 对 $f'(\eta)$ 的影响

(b) γ 对 $g(\eta)$ 的影响

(c) γ 对 $\theta(\eta)$ 的影响

图6-6 混合对流参数 γ 对 $f'(\eta)$、$g(\eta)$ 和 $\theta(\eta)$ 的影响

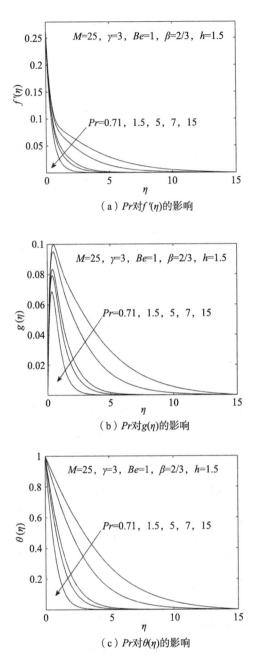

图 6-7 Prandtl 数 Pr 对 $f'(\eta)$、$g(\eta)$ 和 $\theta(\eta)$ 的影响

图 6-3 给出了与不同楔形角度参数 β 对应的值沿 x-轴向速度 $f'(\eta)$、沿 z-轴向速度 $g(\eta)$ 和温度 $\theta(\eta)$ 的分布曲线。从这些图能得到如下结论，即当楔形角度参数从对应的水平情况逐渐变为垂直情况时：① 边界层内速度 $f'(\eta)$ 和 $g(\eta)$ 均增加，两者的边界层厚度也均增加；② 温度降低，温度边界层厚度变薄；③ 可以看出速度 $f'(\eta)$、$g(\eta)$ 和温度 $\theta(\eta)$ 均在楔形角度 $0 \sim \pi/3$ 范围内增加较大，而在 $2\pi/3 \sim \pi$ 的变化较为接近。

图 6-4 给出了对应于不同速度滑移参数 h 值的沿 x-轴向速度 $f'(\eta)$、沿 z-轴向速度 $g(\eta)$ 和温度 $\theta(\eta)$ 的分布曲线，可以得到下面的结论，即速度滑移参数 h 的增加导致：① 边界层内速度 $f'(\eta)$ 和 $g(\eta)$ 均在边界层内靠近壁面附近处递减，而在边界层内离壁面较远处增加；② 温度降低，同时温度边界层厚度变薄。

图 6-5 给出了与不同磁场参数 M 相应的沿 x-轴向速度 $f'(\eta)$、沿 z-轴向速度 $g(\eta)$ 和温度 $\theta(\eta)$ 的分布曲线，可以得到磁场参数 M 的增加导致：① 边界层内速度 $f'(\eta)$ 的递减，边界层厚度变薄，这是因为磁场引起洛伦兹力对流动的阻碍作用；沿 z-轴向速度 $g(\eta)$ 的最大值先增加然后递减，但同时取得最大值处离壁面越来越近，其相应的边界层厚度变薄，当 $M=0$ 即没有施加外磁场时，z-轴向速度 $g(\eta)$ 消失；② 温度增加，同时温度边界层厚度变厚。

图 6-6 给出了与不同混合对流参数 γ 相应的沿 x-轴向速度 $f'(\eta)$、沿 z-轴向速度 $g(\eta)$ 和温度 $\theta(\eta)$ 的分布曲线，从图可以得到如下结论，即混合对流参数 γ 的增加将使得：① 增加边界层内速度 $f'(\eta)$ 的递减，使沿 z-轴向速度 $g(\eta)$ 变化更明显，最大值增加；② 边界层内温度降低，同时温度边界层变薄。

图 6-7 给出的是与不同 Prandtl 数 Pr 对应的沿 x-轴向速度 $f'(\eta)$、沿 z-轴向速度 $g(\eta)$ 和温度 $\theta(\eta)$ 的分布曲线，可以得出当 Prandtl 数 Pr 增加时有：① 边界层内 x-轴向速度 $f'(\eta)$ 的增加，使沿 z-轴向速度 $g(\eta)$ 及其最大值递减；② 边界层内温度降低，同时温度边界层明显变薄。

6.4 小　结

本章研究了霍尔效应条件下的稳态延伸楔形壁面上的 MHD 边界层问题，将控制方程通过相似变化转化为常微分方程形式的相似解方程，通过对方程的求解，得到了如下的结论：

1）霍尔参数 Be 和磁场参数 M 增加时对速度场和温度场的影响与第 4 章水平非稳态延伸的边界层问题中这两个参数产生的影响类似。

2）混合对流参数 γ 增加将使得该边界层内速度 $f'(\eta)$ 递减；使沿 z-轴向速度 $g(\eta)$ 变化更明显，最大值增加；边界层内温度降低，同时温度边界层变薄。

3）Prandtl 数 Pr 增加导致边界层沿 z-轴向速度 $g(\eta)$ 及其最大值递减。

第 7 章 主要结论

本书主要从理论分析、解析求解和数值求解等方面研究了延伸或收缩物面上的 MHD 边界层流动与传热问题，通过阐述，系统介绍了如下关于延伸或收缩壁面上磁流体边界层传输问题的主要成果和结论：

1）DTM – BF 非线性解析求解方法。介绍并验证了将微分变换和基函数相结合的 DTM – BF 解析求解方法，并将其成功应用于求解边界层内速度和温度传输问题，该方法克服了 DTM 不能求解这类大区域或带无界点处边界条件非线性问题的困难，其结果的精确性和有效性被数值求解结果和相关文献中的结果所证实。

2）对于流体外掠非稳态延伸水平的 MHD 壁面边界层问题，利用函数分析方法，证明了无量纲速度的单调、凹凸性和有界性等定性性质。

3）对于收缩壁面上边界层问题，给出了当壁面非稳态延伸时，包括壁面速度滑移等参数在内相应于速度比例参数连续变化的单解和双解的存在范围和速度分布特点，通过计算发现：速度滑移参数值较小时，边界层靠近壁面区域存在回流，随着滑移参数值的增加回流区逐渐变小直至消失；非稳态参数的增加使得双解存在范围逐渐地缩小，直至只可能存在单解不再存在双解。

4）在分析 MHD 混合对流边界层问题，考虑了主流非静止情况下的垂直非稳态延伸上的流动和传热，并引入了壁面速度滑移和温度跳跃边界条件。

5）对更一般的楔形延伸壁面上 MHD 边界层问题，分别给出了壁面存在速度滑移和抽吸喷注情况下的解析解结果，并分析了热浮力顺向流、热浮力反向流和楔形角度参数相应于来流速度快于或慢于壁面延伸速度两种情况下速度和温度分布特点；进一步分析了当导电流体为纳米流体时，Cu，Al_2O_3，TiO_2 和 Ag 四种纳米粒子和纳米粒子体积分数对 MHD 流动和传热的作用。

6) 对于霍尔效应条件下 MHD 动量和热量边界层特性。对于非稳态延伸水平壁面的边界层传输问题，考虑了焦耳耗散和离子滑移电流的影响，通过引入一个新的壁面温度分布将问题转化为耦合的常微分相似解方程，得到了楔形角度参数和壁面滑移参数、混合对流参数等对霍尔效应条件下的 MHD 边界层中 x – 轴向速度和 z – 轴向速度及温度的作用。首次发现：① 边界层温度在非稳态参数处于 0~1 时其变化较大；② 场参数和霍尔参数的增加将均导致沿 z – 轴向速度最大值先增加然后递减，磁场参数增加将使得取得最大值处离壁面越来越近，其相应的边界层变薄，而霍尔参数的增加将产生相反的影响。

缩写和符号

符号	物理意义	单位
u	平行于 x 轴的速度	$\mathrm{m \cdot s^{-1}}$
v	平行于 y 轴的速度	$\mathrm{m \cdot s^{-1}}$
w	平行于 z 轴的速度	$\mathrm{m \cdot s^{-1}}$
T	绝对温度	K
T_∞	热边界层外缘温度	K
T_w	壁面温度	K
u_w	壁面延伸/收缩速度	$\mathrm{m \cdot s^{-1}}$
u_∞	速度边界层外缘速度	$\mathrm{m \cdot s^{-1}}$
v_w	壁面抽吸/喷注速度	$\mathrm{m \cdot s^{-1}}$
Re	雷诺数	
p	热力学压强	Pa
c_p	定压比热容	$\mathrm{J/(kg \cdot K)}$
Re_x	局部雷诺数	
M	无量纲磁场参数	
h_u, h	无量纲速度滑移参数	
h_T	无量纲温度跳跃参数	
Pr	普朗特数	
C	抽吸/喷注参数	
Ec	埃克特数	
φ	纳米粒子体积分数	
α	热扩散系数	$\mathrm{m^2 \cdot s^{-1}}$
η	相似变量	
θ	无量纲温度	
ψ	流函数	$\mathrm{m^2 \cdot s^{-1}}$
σ	电导率	S/m
μ	动力黏度	$\mathrm{kg/(m \cdot s)}$
ν	运动黏度	$\mathrm{m^2 \cdot s^{-1}}$
ρ	密度	$\mathrm{kg \cdot m^{-3}}$

参考文献

[1] 吴望一. 流体力学 [M]. 北京：北京大学出版社，2004.

[2] 陈矛章. 黏性流体动力学基础 [M]. 北京：高等教育出版社，1993.

[3] 章梓雄，董曾南. 黏性流体力学 [M]. 北京：清华大学出版社，1998.

[4] 郑连存，张欣欣，赫冀成. 传输过程奇异非线性边值问题——动量、热量与质量传递方程的相似分析方法 [M]. 北京：科学出版社，2003.

[5] 李兆敏，蔡国琰. 非牛顿流体力学 [M]. 东营：石油大学出版社，1998.

[6] 韩式方. 非牛顿流体本构方程和计算解析理论 [M]. 北京：科学出版社，2000.

[7] Schlichting H. Boundary Layer Theory [M]. New York：McGraw-Hill，1979.

[8] 吴其芬，李桦. 磁流体力学 [M]. 长沙：国防科技大学出版社，2007.

[9] 赵家奎. 微分变换及其在电路中的应用 [M]. 武汉：华中理工大学出版社，1988.

[10] Chen C K, Ho S H. Solving partial differential equations by two dimensional differential transform method [J]. Applied Mathematics and Computation, 1999, 106 (2)：171-179.

[11] Ayaz F. Solutions of the systems of differential equations by differential transform method [J]. Applied Mathematics and Computation, 2004, 147 (2)：547-567.

[12] Arikoglu A, Özkol I. Solution of fractional integro-differential equations by using fractional differential transform method [J]. Chaos, Solitons &Fractals, 2009, 40：521-529.

[13] Odibat Z, Momani S. A generalized differential transform method for linear partial differential equations of fractional order [J]. Applied Mathematics Letters, 2008, 21：194-199.

[14] Abazari R, Borhanifar A. Numerical study of the solution of the Burgers and coupled Burgers equations by a differential transformation method [J]. Computers & Mathematics

with Applications, 2010, 59 (8): 2711 - 2722.

[15] Chen C K, Ho S H. Application of differential transformation to eigenvalue problems [J]. Applied Mathematics and Computation, 1996, 79 (2 - 3): 173 - 188.

[16] Ayaz F. Solutions of the system of differential equations by differential transform method [J]. Appl. Math. Comput., 2004, 147: 547 - 567.

[17] Al - Sawalha M M, Noorani M S M. Application of the differential transformation method for the solution of the hyperchaotic Rossler system [J]. Commun. Nonlinear Sci. Numer. Simul., 2009, 14: 509 - 1514.

[18] Keskin Y, Kurnaz A, Kiris M E, et al. Approximate solutions of generalized pantograph equations by the differential transform method [J]. Int. J. Nonlinear. Sci., 2007, 8: 159 - 164.

[19] Ravi Kanth A S V, Aruna K. Differential transform method for solving the linear and non-linear Klein - Gordon equation [J]. Comput Phys Commun, 2009, 180: 708 - 711.

[20] Moustafa E S. Application of differential transform method to non - linear oscillatory systems [J]. Commun. Nonlinear Sci. Numer Simul., 2008, 13: 1714 - 1720.

[21] Momani S, Ertürk V S. Solutions of non - linear oscillators by the modified differential transform method [J]. Comput. Math. Appl., 2008, 55: 833 - 842.

[22] Boyd J. Padé approximant algorithm for solving nonlinear ordinary differential equation boundary value problems on an unbounded domain [J]. Computers in Physics, 1997, 11 (3): 299 - 303.

[23] Jang M J, Yeh Y L, Chen C L, et al. Differential transformation approach to thermal conductive problems with discontinuous boundary condition [J]. Applied Mathematics and Computation, 2010, 16: 2339 - 2350.

[24] Rashidi M M, Laraqi N, Sadri S M. A novel analytical solution of mixed convection about an inclined flat plate embedded in a porous medium using the DTM - Padé [J]. International Journal of Thermal Sciences, 2010, 49: 2405 - 2412.

[25] Su X H, Zheng L C, Zhang X X. DTM - BF method and dual solutions for an unsteady MHD flow over a permeable shrinking sheet with velocity slip [J]. Applied Mathematics and Mechanics. 2012, 33: 1555 - 1568.

[26] Baker G A. Essentials of Padé Approximants [M]. London: Academic press, 1975.

[27] RashidiM M, Erfani E. A new analytical study of MHD stagnation - point flow in porous

media with heat transfer [J]. Computers & Fluids, 2011, 40: 172 - 178.

[28] Adomian G. A review of the decomposition method and some recent results for nonlinear equations [J]. Computers & Mathematics with Applications, 1991, 21 (5): 101 - 127.

[29] Adomian G, Rach R. Noise terms in decomposition series solution [J]. Comput. Math. Appl., 1992, 24 (11): 61 - 64.

[30] Wazwaz A M. A reliable treatment for mixed Volterra - Fredholm integral equations [J]. Appl. Math. Comput., 2002, 127: 405 - 414.

[31] Wazwaz A M. The numerical solution of special fourth - order boundary value problem by the modified Adomian decomposition method [J]. Appl. Math Comput., 2002, 79: 345 - 56.

[32] Wazwaz A M. The existence of noise terms for systems of inhomogeneous differential and integral equations [J]. Appl. Math . Comput., 2003, 146: 81 - 92.

[33] Wazwaz A M. Adomian decomposition method solving for a reliable treatment of the Emden - Fowler equation [J]. Appl. Math. Comput., 2005, 161: 543 - 560.

[34] Dyke M V. Perturbation method in fluid mechanics [M]. California: The Parabolic Press, 1975.

[35] Nayfeh A H. Perturbation method [M]. New York: John Wiley and Sons, 2000.

[36] O'Malley R E. Singular Perturbation Methods for Ordinary Differential Equations [M]. New York: Springer - Verlag, 1991.

[37] Kevorkian J, Cole J D. Multiple Scale and Singular Perturbation Methods [M]. New York: Springer - Verlag, 1996.

[38] Sakiadis B C. Boundary layer behaviour on continuous solid surface I. Boundary layer equations for two dimensional and axisymmetric flow [J]. AIChE J., 1961, 7: 26 - 28.

[39] Sakiadis B C. Boundary layer behaviour on continuous solid surface II. Boundary layer behaviors on continuous flat surface [J]. AIChE J. 1961, 7 (1): 221 - 235.

[40] Howell T G, Jeng D R, Witt K J D. Momentum and heat transfer on a continuous moving surface in power law fluid [J]. Int. J. Heat Mass Transfer, 1997, 40: 1853 - 1861.

[41] Zheng L C, He J C. Existence and non - uniqueness of positive solutions to a nonlinear boundary value problem in the theory of viscous fluid [J]. Dynamic Systems and

Applications, 1999, 8: 133 – 146.

[42] Zheng L C, Ma L X, He J C. Bifurcation solutions to a boundary layer problem arising in the theory of pseudo – plastic fluid [J]. Acta Mathematical Scientica, 2000, 20 (1): 19 – 26.

[43] Zheng L C, Ma L X, He J C. Bifurcation behavior of reverse flow boundary layer problem with special injection/suction [J]. Chinese Phys. Lett., 2003, 20: 83 – 86.

[44] Zhang H, Zhang X X, Zheng L C. Numerical study of thermal boundary layer on a continuous moving surface in power law fluids [J]. J. Therm Sci., 2007, 16 (3): 243 – 247.

[45] 苏晓红, 郑连存, 张欣欣. 一类 Positone 边值问题正解的存在性 [J]. 应用科学学报, 2005, 23 (4): 413 – 416.

[46] Zheng L C, Zhang X X, He J C. Drag characteristics of power law fluids on an upstream moving surface [J]. J. of Univ. Sci. Tech. Beijing, 2005, 12 (6): 504 – 506.

[47] Xu H, Liao S J. Dual solutions of boundary layer flow over an upstream moving plate [J]. Communications in Nonlinear Science and Numerical Simulation, 2008, 13: 350 – 358.

[48] Vajravelu K, Hadjinicolaou A. Heat Transfer in a Viscous Fluid over a Stretching Sheet with Viscous Dissipation and Internal Heat Generation [J]. International Communications in Heat and Mass Transfer, 1993, 20 (3): 417 – 430.

[49] Seddeek M A. The effect of variable viscosity on hydromagnetic flow and heat transfer past a continuously moving porous boundary with radiation [J]. International Communications in Heat and Mass Transfer, 2000, 27: 1037 – 1046.

[50] Sarma M S. Heat transfer in a viscoelastic fluid over a stretching sheet [J]. J. Math. Anal. Appl., 1998, 222: 268 – 275.

[51] Abel M S, Datti P S, Mahesha N. Flow and heat transfer in a power – law fluid over a stretching sheet with variable thermal conductivity and non – uniform heat source [J]. Int. J. Heat Mass Transfer, 2009, 52: 2902 – 2913.

[52] Grubka L G, Bobba K M. Heat transfer characteristics of a continuous stretching surface with variable temperature [J]. J. Heat Transfer, 1985, 107: 248 – 250.

[53] Jeng D R, Chang T C A, Dewitt K J. Momentum and heat transfer on a continuous moving surface [J]. J. Heat Transfer, 1986, 108: 532 – 539.

[54] Ali M E. Heat transfer characteristics of a continuous stretching surface [J]. Heat and Mass Transfer, 1994, 29: 227 – 234.

[55] Ali M E. On thermal boundary layer on a power – law stretched surface with suction or injection [J]. Int. J. Heat Fluid Flow, 1995, 16: 280 – 290.

[56] Magyari E, Keller B. Exact solutions for self – similar boundary – layer flows induced by permeable stretching walls [J]. Eur. J. Mech. B Fluids, 2000, 19: 109 – 122.

[57] Magyari E, Ali M E, Keller B. Heat mass transfer characteristics of the self – similar boundary – layer flows induced by continuous surfaces stretched with rapidly decreasing velocities [J]. Heat Mass Transfer 2001, 38: 65 – 74.

[58] Vajravelu K. Viscous flow over a nonlinearly stretching sheet [J]. Appl. Math. Comput. , 2001, 124: 281 – 288.

[59] Liao S J. A new branch of solutions of boundary – layer flows over an impermeable stretched plate [J]. Int. J. Heat Mass Transfer, 2005, 48: 2529 – 2539.

[60] Sparrow E M, Abraham J P. Universal solutions for the streamwise variations of the temperature of a moving sheet in the presence of a moving fluid [J]. Int. J. Heat Mass Transfer, 2005, 48: 3047 – 3056.

[61] Vajravelu K, Cannon J R. Fluid flow over a nonlinearity stretching sheet [J]. Appl. Math. Comput. 2006, 181: 609 – 681.

[62] Andersson H I, Aarseth J B. Sakiadis flow with variable fluid properties revisited [J]. Int. J. Eng. Sci. , 2007, 45: 554 – 561.

[63] Pavlov K B. Magnetohydrodynamic flow of an incompressible viscous fluid caused by the deformation of a plane surface [J]. Magn. Gidrodin. 1974, 4: 146 – 147.

[64] Chakrabarti A, Gupta A S. A note on MHD flow over a stretching permeable surface [J]. Q. Appl. Math. , 1979, 37: 73 – 78.

[65] Chiam T C. Magnetohydrodynamic boundary layer flow due to a continuously moving flat plate [J]. Comput. Math. Appl. , 1993, 26: 1 – 7.

[66] Vajravelu K, Hadjinicolaou A. Convective heat transfer in an electrically conducting fluid at a stretching surface with uniform free stream [J]. Int. J. Eng. Sci. , 1997, 35: 1237 – 1244.

[67] Pop I, Na T Y. A note on MHD flow over a stretching permeable surface [J]. Mech. Res. Commun. , 1998, 25: 263 – 269.

[68] Kumari M, Nath G. Flow and heat transfer in a stagnation - point flow over a stretching sheet with a magnetic field [J]. Mech. Res. Commun., 1999, 26: 469 - 478.

[69] Takhar H S, Chamkha A J, Nath G. Flow and heat transfer on a stretching surface in a rotating fluid with a magnetic field [J]. Int. J. Therm. Sci. 2003, 42: 23 - 31.

[70] Chamkha A J. MHD flow of a uniformly stretched vertical permeable surface in the presence of heat generation/absorption and a chemical reaction [J]. Int. Commun. Heat Mass Transfer, 2003, 30: 413 - 422.

[71] Liu I C. A note on heat and mass transfer for a hydromagnetic flow over a stretching sheet [J]. Int. Commun. Heat Mass Transfer, 2005, 32: 1075 - 1084.

[72] Mukhopadhyay S, Layek G C, Samad S A. Study of MHD boundary layer flow over a heated stretching sheet with variable viscosity [J]. Int. J. Heat Mass Transfer, 2005, 48: 4460 - 4466.

[73] Kandaswamy R, Periaswamy K, Prabhu K K S. Chemical reaction, heat and mass transfer on MHD flow over a vertical stretching surface with heat source and thermal stratification effects [J]. Int. J. Heat Mass Transfer, 2005, 48: 4557 - 4561.

[74] Xu H. An explicit analytic solution for convective heat transfer in an electrically conducting fluid at a stretching surface with uniform free stream [J]. Int. J. Eng. Sci., 2005, 43: 859 - 874.

[75] Su X H, Zheng L C. Approximate solutions to MHD Falkner - Skan flow over permeable wall [J]. Applied Mathematics and Mechanics. 2011, 32: 401 - 408.

[76] Yao B H, Chen J P. A new analytical solution branch for the Blasius equation with a shrinking sheet [J]. Applied Mathematics and Computation, 2009, 215: 1146 - 1153.

[77] Miklavcic M, Wang C Y. Viscous flow due to a shrinking sheet [J]. Quart. Appl. Math., 2006, 64 (2): 283 - 290.

[78] Fang T G, Zhang J. Closed - form exact solutions of MHD viscous flow over a shrinking sheet [J]. Commun. Nonlinear Sci. Numer. Simulat., 2009, 14: 2853 - 2857.

[79] Fang T. Boundary layer flow over a shrinking sheet with power - law velocity [J]. Int. J. Heat Mass Transfer, 2008, 51 (25 - 26): 5838 - 5843.

[80] Javed T, Abbas Z, Sajid M, et al. Heat transfer analysis for a hydromagnetic viscous fluid over a non - linear shrinking sheet [J]. Int. J. Heat Mass Transfer, 2011, 54: 2034 - 2042.

[81] Bachok N, Ishak A, Pop I. Melting heat transfer in boundary layer stagnation – point flow towards a stretching/shrinking sheet [J]. Physics Letters A, 2010, 374: 4075 –4079.

[82] Bhattacharyy K, Layek G C. Effects of suction/blowing on steady boundary layer stagnation – point flow and heat transfer towards a shrinking sheet with thermal radiation [J]. International Journal of Heat and Mass Transfer, 2011, 54: 302 – 307.

[83] Bhattacharyy K, Mukhopadhyay S, Layek G C. Slip effects on boundary layer stagnation – point flow and heat transfer towards a shrinking sheet [J]. International Journal of Heat and Mass Transfer, 2011, 54: 308 – 313.

[84] Barrat J, Bocquet L. Large Elip Effect at a Nonwetting Fluid – Solid Interface [J]. Phys. Rev. Lett. , 1999, 82: 4671 – 4674.

[85] Churaev N, Sobolev V, Somov A. Slippage of Liquids Over Lyophobic Solid Surfaces [J]. J. of Colloid and Interface Science. 1984, 97: 574 – 581.

[86] Meinhart C, Wereley S, Santiago J. A PIV Algorithm for Estimating Time – Averaged Velocity Fields [J]. J. Fluids Engineering, 2000, 122: 285 – 289.

[87] Hervet P R H, Leger L. Direct Experimental Evidence of Slip in Hexadecane: Solid Interfaces [J]. Phys. Rev. Lett. , 2000, 85: 980 – 983.

[88] Ruckenstein E, Rajora P. On the No – Slip Boundary Condition of Hydrodynamics [J]. J. Colloid Interface Science, 1983, 96: 488 – 491.

[89] Tretheway D, Meinhart C. Apparent Fluid Slip at Hydrophobic Microchannel Walls [J]. Physics of Fluids, 2002, 14: 9 – 12.

[90] Tyrrell J, Attard P. Images of Nanobubbles on Hydrophobic Surfaces and Their Interactions [J]. Phys. Rev. Lett. , 2001, 87: 1761041 – 1761044.

[91] Watanabe K Y, Mizunuma H. Slip of Newtonian Fluids at Slid Boundary [J]. JSME Int. J. Series B, fluids and thermal engineering, 1998, 41: 525 – 529.

[92] Watanabe K Y, Udagawa H. Drag Reduction of Newtonian Fluid in a Circular Pipe With a Highly Water – Repellant Wall [J]. J. Fluid Mechanics, 1999, 381: 225 – 238.

[93] Zhu Y, Granick S. Rate – dependent slip of Newtonian fluids at smooth surfaces [J]. Phys. Rev. Lett. , 2001, 9: 87 – 96.

[94] Abbas Z, Wang Y, Hayat T, et al. Slip effects and heat transfer analysis in a viscous fluid over an oscillatory stretching surface [J]. Int. J. Numer. Meth. Fluids, 2009, 59: 443 – 458.

[95] Wang C Y. Flow due to a stretching boundary with partial slip—an exact solution of the Navier–Stokes equations [J]. Chem. Eng. Sci., 2002, 57: 3745–3747.

[96] Ariel P D. Axisymmetric flow due to a stretching sheet with partial slip [J]. Comput, Math. Appl., 2007, 54: 1169–1183.

[97] Wang C Y. Analysis of viscous flow due to a stretching sheet with surface slip and suction [J]. Nonlinear Anal. Real World Appl., 2009, 10: 375–380.

[98] Andersson H I. Slip flow past a stretching surface [J]. Acta. Mech., 2002, 158: 121–125.

[99] Ariel P D. Axisymmetric flow due to a stretching sheet with partial slip [J]. Comput. Math. Appl., 2007, 54: 1169–1183.

[100] Ariel P D, Hayat T, Asghar S. The flow of an elastico–viscous fluid past a stretching sheet with partial slip [J]. Acta. Mech., 2006, 187: 29–35.

[101] Hayat T, Javed T, Abbas Z. Slip flow and heat transfer of a second grade fluid past a stretching sheet through a porous space [J]. Int. J. Heat Mass Trans., 2008, 51: 4528–4534.

[102] Sahoo B. Effects of partial slip on axisymmetric flow of an electrically conducting viscoelastic fluid past a stretching sheet [J]. Cent. Eur. J. Phys., 2010, 8 (3): 498–508.

[103] Truesdell, C, Noll W. The Non–Linear Field Theories of Mechanics [M]. Berlin Heidelberg: Springer, 2004.

[104] Sahoo B, Sharma H G. MHD flow and heat transfer from a continuous surface in a uniform free stream of a non–Newtonian fluid [J]. Appl. Math. Mech. (Engl. Ed.), 2007, 28 (11): 1467–1477.

[105] Sahoo B, Sharma H G. Effects of partial slip on the steady Von Karman flow and heat transfer of a non–Newtonian fluid [J]. Bull. Braz. Math. Soc., 2007, 38 (4): 595–609.

[106] Ali M E, Magyari E. Unsteady fluid and heat flow induced by a submerged stretching surface while its steady motion is slowed down gradually [J]. Int. J. Heat and Mass Transfer, 2007, 50: 188–195.

[107] Ziabakhsh Z, Domairry G, Mozaffari M. Analytical solution of heat transfer over an unsteady stretching permeable surface with prescribed wall temperature [J]. Journal of the Taiwan Institute of Chemical Engineers, 2010, 41: 169–177.

[108] Ishak A, Nazar R, Pop I. Heat Transfer over an Unsteady Stretching Permeable Surface with Prescribed Wall Temperature [J]. Nonlinear Analysis: Real World Applications, 2009, 10: 2909-2913.

[109] Tsai R, Huang K H, Huang J S. Flow and heat transfer over an unsteady stretching surface with non-uniform heat source [J]. Int. Commun. Heat Mass Transfer, 2008, 35 (10): 1340-1343.

[110] Pal D, Hiremath P S. Computational modeling of heat transfer over an unsteady stretching surface embedded in a porous medium [J]. Meccanica, 2010, 45: 415-424.

[111] Mohamed Abd El-Aziz. Radiation effect on the flow and heat transfer over an unsteady stretching sheet [J]. Int. Communications in Heat and Mass Transfer, 2009, 36: 521-524.

[112] Zheng L C, Wang L J, Zhang X X. Analytic solutions of unsteady boundary flow and heat transfer on a permeable stretching sheet with non-uniform heat source/sink [J]. Commun. Nonlinear Sci. Numer. Simulat., 2011, 16 (2): 731-740.

[113] Mukhopadhyay S. Unsteady boundary layer flow and heat transfer past a porous stretching sheet in presence of variable viscosity and thermal diffusivity [J]. Int. J. Heat Mass Transfer, 2009, 52 (2-3): 5213-5217.

[114] Kumaran V, Banerjee A K, Kumar A V, et al. Unsteady MHD flow and heat transfer with viscous dissipation past a stretching sheet [J]. Int. Communications in Heat and Mass Transfer, 2011, 38: 335-339.

[115] Hua H C, Su X H. Unsteady MHD boundary layer flow and heat transfer over the stretching sheets submerged in a moving fluid with Ohmic heating and frictional heating [J]. Open Physics, 2015, 13: 210-217.

[116] Su X H. Analytical computation of unsteady MHD mixed convective heat transfer over a vertical stretching plate with partial slip conditions. Indian Journal of Pure & Applied Physics. 2015, 53: 643-651.

[117] Karwe M V, Jaluria Y. Fluid flow and mixed convection transport from a moving plate in rolling and extrusion processes [J]. ASME J. Heat Transfer, 1988, 110: 655-661.

[118] Karwe M V, Jaluria Y. Numerical simulation of thermal transport associated with a continuously moving flat sheet in material processing [J]. ASME J. Heat Transfer, 1991, 113: 612-619.

[119] Patil P M, Roy S, Chamkha A J. Mixed convection flow over a vertical power law stretching sheet [J]. Int. J. Numer. Methods Heat Fluid Flow, 2010, 20 (4): 445 – 458.

[120] Al – Sanea S A. Mixed convection heat transfer along a continuously moving heated vertical plate with suction or injection [J]. Int. J. Heat Mass Transfer, 2004, 47: 1445 – 1465.

[121] Ishak A, Nazar R, Pop I. MHD mixed convection boundary layer flow towards a stretching vertical surface with constant wall temperature [J]. Int. J. Heat Mass Transfer, 2010, 53: 5330 – 5334.

[122] Abel M S, Siddheshwar P G, Mahesha N. Effects of thermal buoyancy and variable thermal conductivity on the MHD flow and heat transfer in a power law fluid past a vertical stretching sheet in the presence of a non – uniform heat source [J]. Int J Non – Linear Mech., 2009, 44: 1 – 12.

[123] Abel M S, Datti P S, Mahesha N. Flow and heat transfer in a power – law fluid over a stretching sheet with variable thermal conductivity and non – uniform heat source [J]. Int. J. Heat Mass Transfer 2009, 52: 2902 – 2913.

[124] Mukhopadhyay S. Effect of thermal radiation on unsteady mixed convection flow and heat transfer over a porous stretching surface in porous medium [J]. Int. J. Heat Mass Transfer, 2009, 52: 3261 – 3265.

[125] Kumari M, Nath G. Unsteady MHD mixed convection flow over an impulsively stretched permeable vertical surface in a quiescent fluid [J]. Int. J. Non – Linear Mechanics, 2010, 45: 310 – 319.

[126] Chakrabarti A, Gupta A S. Hydromagnetic flow and heat transfer over a stretching sheet [J]. Quart. Appl. Math. 1979, 37: 73 – 78.

[127] Chiam T C. Hydromagnetic flow over a surface stretching with a power – law velocity [J]. Int. J. Eng. Sci., 1995, 33: 429 – 435.

[128] Chandran P, Sacheti N C, Singh A K. Hydromagnetic flow and heat transfer past a continuously moving porous boundary [J]. Int. Commun. Heat Mass Transfer, 1996, 23: 889 – 898.

[129] Cramer K, Pai S. Magnetofluid Dynamics for Engineers and Applied Physicists [M]. New York: McGraw – Hill, 1973.

[130] Sato H. The Hall effect in the viscous flow of ionized gas between two parallel plates

under transverse magnetic field [J]. J. Phys. Soc. Jpn., 1961, 16: 1427-1433.

[131] Yamanishi T. Hall effect in the viscous flow of ionized gas through straight channels [C]. Int. 17th Annual Meeting, J. Phys. Soc. Jpn., 1962, 5: 29-33.

[132] Tani I. Steady motion of conducting fluids in channels under transverse magnetic fields with consideration of Hall effect [J]. J. Aerospace Sci, 1962, 29: 287-299.

[133] Katagiri M. The effect Hall currents on the viscous flow magnetohydrodynamic boundary layer flow past a semi-infinite flat plate [J]. J. Phys. Soc. Jpn., 1969, 27: 1051-1059.

[134] Gupta A S. Hydrodynamic flow past a porous flat plate with Hall effects [J]. Acta Mech., 1975, 22: 281-285.

[135] Datta N, Mazumder B. Hall effects on hydrodynamic free convection flow past an infinite porous flat plate [J]. J. Math. Phys. Sci., 1975, 10: 59-63.

[136] Pop I, Soundalgekar V M. Effects of Hall current on hydromagnetic flow near a porous plate [J]. Acta Mech. 1974, 20: 315-318.

[137] Pop I, Watanabe T. Hall effect on magnetohydrodynamic free convection about a semi-infinite vertical flat plate [J]. Int. J. Eng. Sci., 1994, 32: 1903-1911.

[138] Abo-Eldahab E M, Elbarbary M E. Hall current effect on magnetohydrodynamic free-convection flow past a semi-infinite vertical plate with mass transfer [J]. Int. J. Eng. Sci., 2001, 39: 1641-1652.

[139] Abo-Eldahab E M, Abd-El-Aziz M. Hall current and Ohmic heating effects on mixed convection boundary layer flow of a micropolar fluid from a rotating cone with power-law variation in surface temperature [J]. Int. Commun. Heat Mass Transfer, 2004, 31 (5): 751-762.

[140] Abo-Eldahab E M, Salem A M. Hall effects on MHD free convection flow of a non-Newtonian power-law fluid at a stretching surface [J]. Int. Commun. Heat Mass Transfer, 2004, 31 (3): 343-354.

[141] Abo-Eldahab E M, Abd-El-Aziz M. Hall and ion-slip effects on MHD free convective heat generating flow past a semi-infinite vertical flat plate [J]. Phys. Scripta, 2000, 61: 344-348.

[142] Abo-Eldahab E M, Abd-El-Aziz M, Salem A M, Jaber K K. Hall current effect on MHD mixed convection flow from an inclined continuously stretching surface with blowing/

suction and internal heat generation/absorption [J]. Appl Math Model, 2007, 31: 1829 – 1846.

[143] Salem A M, Abd El – Aziz M. Effect of Hall currents and chemical reaction on hydromagnetic flow of a stretching vertical surface with internal heat generation/absorption [J]. Appl. Math. Model, 2008, 32 (7): 1236 – 1254.

[144] Abd El – Aziz M. Flow and heat transfer over an unsteady stretching surface with Hall effect [J]. Meccanica, 2010, 45: 97 – 109.

[145] Na T Y. Computational Methods in Engineering Boundary Value Problems [M]. New York: Academic, 1979.

[146] Lin H T, Lin L K. Similarity solutions for laminar forced convection heat transfer from wedges to fluids of any Prandtl number [J]. Int. J. Heat Mass Transfer, 1987, 30: 1111 – 1118.

[147] Asaithambi A. A finite – difference method for the Falkner – Skan equation [J]. Appl. Math. Comput., 1998, 92: 135 – 141.

[148] Sher I, Yakhot A. New approach to solution of the Falkner – Skan equation [J]. AIAA J., 2001, 39: 965 – 967.

[149] Chein – Shan Liu, Jiang – Ren Chang. The Lie – group shooting method for multiple – solutions of Falkner – Skan equation under suction – injection conditions [J]. Int. J. Non – Linear Mech., 2008, 43 (9): 844 – 851.

[150] Fang T, Zhang J. An exact analytical solution of the Falkner – Skan equation with mass transfer and wall stretching [J]. Int. J. Non – Linear Mech., 2008, 43 (9): 1000 – 1006.

[151] Riley N, Weidman P D. Multiple solutions of the Falkner – Skan equation for flow past a stretching boundary [J]. SIAM J. Appl. Math., 1989, 49 (5): 1350 – 1358.

[152] Yang G C, Lan K Q. The velocity and shear stress functions of the Falkner – Skan equation arising in boundary layer theory [J]. J. Math. Anal. Appl., 2007, 328: 1297 – 1308.

[153] Hartman P. Ordinary Differential Equations, Classics in Applied Mathematics [M]. Philadelphia: The Society for Industrial and Applied Mathematics, 2002.

[154] Hartman P. On the existence of similar solutions of some boundary layer problems [J]. SIAM J. Math. Anal., 1972, 3 (1): 120 – 147.

[155] Hastings S P. An existence theorem for a class of nonlinear boundary value problems including that of Falkner and Skan [J]. J. Differ. Equation, 1971, 9: 580-590.

[156] Yang G C. New results of Falkner-Skan equation arising in boundary layer theory [J]. Applied Mathematics and Computation, 2008, 202: 406-412.

[157] Yao B H. Approximate analytical solution to the Falkner-Skan wedge flow with the permeable wall of uniform suction [J]. Commun. Nonlinear Sci. Numer. Simulat., 2009, 14: 3320-3326.

[158] Yao B H, Chen J P. Series solution to the Falkner-Skan equation with stretching boundary [J]. Applied Mathematics and Computation, 2009, 208: 156-164.

[159] Postelnicu A, Pop I. Falkner-Skan boundary layer flow of a power-law fluid past a stretching wedge [J]. Appl. Math. Comput., 2011, 217 (9): 4359-4368.

[160] Ishak A, Nazar R, Pop I. Falkner-Skan equation for flow past a moving wedge with suction or injection [J]. J. Appl. Math. Comput., 2007, 25: 67-89.

[161] Yih K A. Uniform suction/blowing effect on the forced convection about a wedge: uniform heat flux [J]. Acta Mech., 1998, 128: 173-181.

[162] Watanabe T. Thermal boundary layers over a wedge with uniform suction or injection in forced flow [J]. Acta Mech., 1990, 83: 119-126.

[163] Elbashbeshy E M A, Dimian M F. Effect of radiation on the flow and heat transfer over a wedge with variable viscosity [J]. Applied Mathematics and Computation, 2002, 132: 445-454.

[164] Kuo B L. Heat transfer analysis for the Falkner-Skan wedge flow by the differential transformation method [J]. Int. J. Heat Mass Transfer, 2005, 48: 5036-5046.

[165] Kandasamy R, Periasamy K, Prabhu K K S. Effects of chemical reaction, heat and mass transfer along a wedge with heat source and concentration in the presence of suction or injection [J]. Int. J. Heat Mass Transfer, 2005, 48: 1388-1394.

[166] Kandasamy R, Wahid A, Raj M, et al. Effects of chemical reaction, heat and mass transfer on boundary layer flow over a porous wedge with heat radiation in the presence of suction or injection [J]. Theoret. Appl. Mech., 2006, 33 (2): 123-148.

[167] Rahman M M, Eltayeb I A. Convective slip flow of rarefied fluids over a wedge with thermal jump and variable transport properties [J]. Int. J. Thermal Sciences, 2011, 50: 468-479.

[168] Ishak A, Nazar R, Pop I. Moving wedge and flat plate in a micropolar fluid [J]. Int. J. Engineering Science, 2006, 44: 1225 – 1236.

[169] Yacob N A, Ishak A, Pop I. Falkner – Skan problem for a static or moving wedge in nanofluids [J]. Int. J. Thermal Sciences, 2011, 50: 133 – 139.

[170] Soundalgekar V M, Takhar H S, Singh M. Velocity and Temperature Field in MHD Falkner – Skan Flow [J]. J. Physical Society Japan, 1981, 50 (9): 3139 – 3143.

[171] Abbasbandy S, Hayat T. Solution of the MHD Falkner – Skan flow by Hankel – Padé method [J]. Physics Letters A, 2009, 373 (7): 731 – 734.

[172] Abbasbandy S, Hayat T. Solution of the MHD Falkner – Skan flow by homotopy analysis method [J]. Commun. Nonlinear Sci. Numer. Simulat., 2009, 14 (9 – 10): 3591 – 3598.

[173] Parand K, Rezaei A R, Ghaderi S M. An approximate solution of the MHD Falkner – Skan flow by Hermite functions pseudospectral method [J]. Commun. Nonlinear Sci. Numer. Simulat., 2011, 16 (1): 274 – 283.

[174] Robert A V G, Vajravelu K. Existence and uniqueness results for a nonlinear differential equation arising in MHD Falkner – Skan flow [J]. Commun Nonlinear Sci, Numer, Simulat,, 2010, 15 (9): 2272 – 2277.

[175] Chen C H. Laminar mixed convection adjacent to vertical, continuously stretching sheets [J]. Heat Mass Transfer, 1998, 33: 471 – 476.

[176] Chen C H. Mixed convection cooling of a heated continuously stretching surface [J]. Heat Mass Transfer, 2000, 36: 79 – 86.

[177] Ali M E. The buoyancy effects on the boundary layers induced by continuous surfaces stretched with rapidly decreasing velocities [J]. Heat Mass Transfer, 2004, 40: 285 – 291.

[178] Ali M E. The effect of lateral mass flux on the natural convection boundary layers induced by a heated vertical plate embedded in a saturated porous medium with internal heat generation [J]. Int. J. Therm. Sci. 2007, 46: 157 – 163.

[179] Abbas Z, Wang Y, Hayat T, et al. Mixed convection in the stagnation – point flow of a Maxwell fluid towards a vertical stretching surface [J]. Nonlinear Analysis: Real World Applications, 2010, 11 (4): 3218 – 3228.

[180] Hayat T, Mustafa M, Pop I. Heat and mass transfer for Soret and Dufour's effect on

mixed convection boundary layer flow over a stretching vertical surface in a porous medium filled with a viscoelastic fluid [J]. Commun. Nonlinear Sci. Numer. Simulat., 2010, 15: 1183 -1196.

[181] Yih K A. MHD forced convection flow adjacent to a non - isothermal wedge [J]. Int. Comm. Heat Mass Transfer, 1999, 26 (6): 819 -827.

[182] Chamkha A J, Mujtaba M, Quadri A, et al. Thermal radiation effects on MHD forced convection flow adjacent to a non - isothermal wedge in the presence of heat source or sink [J]. Heat Mass Transfer, 2003, 39: 305 -312.

[183] Hossain M A, Bhowmik S, Gorla R S R. Unsteady mixed - convection boundary layer flow along a symmetric wedge with variable surface temperature [J]. Int. J. Engineering Science, 2006, 44: 607 -620.

[184] Muhaimin I, Kandasamy R, Khamis A B. Numerical investigation of variable viscosities and thermal stratification effects on MHD mixed convective heat and mass transfer past a porous wedge in the presence of a chemical reaction [J]. Appl. Math. Mech. Engl., 2009, 30: 1353 -1364.

[185] Kandasamy R, Muhaimin I, Khamis A B. Thermophoresis and variable viscosity effects on MHD mixed convective heat and mass transfer past a porous wedge in the presence of chemical reaction [J]. Heat Mass Transfer, 2009, 45: 703 -712.

[186] Hayat T, Hussain M, Nadeem S, et al. Falkner - Skan wedge flow of a power - law fluid with mixed convection and porous medium [J]. Computers & Fluids, 2011, 49: 22 -28.

[187] Anjali Devi S P. Effects of chemical reaction, heat and mass transfer on non - linear mhd laminer boundary - layer flow over a wedge with suction or injection [J]. Int. J. of Appl. Math and Mech., 2011, 7 (1): 15 -28.

[188] Su X H, Zheng L C, Zhang X X. MHD mixed convective heat transfer over a permeable stretching wedge with thermal radiation and ohmic heating. Chemical Engineering Science, 2012, 78: 1 -8.

[189] Xuan Y, Li Q. Investigation on convective heat transfer and flow features of nanofluids [J]. J. Heat Transfer. 2003, 125: 151 -155.

[190] Minsta H A, Roy G, Nguyen C T, et al. New temperature dependent thermal conductivity data for water based nano fluids [J]. Int. J. Therm. Sci., 2009, 48: 363 -371.

[191] Maiga S E B, Palm S J, Nguyen C T, et al. Heat transfer enhancement by using nanofluids in forced convection flow [J]. Int. J. Heat Fluid Flow, 2005, 26: 530 - 546.

[192] Tiwari R K, Das M K. Heat transfer augmentation in a two - sided lid - driven differentially heated square cavity utilizing nanofluids [J]. Int. J. Heat Mass Transfer, 2007, 50: 2002 - 2018.

[193] Tzou D Y. Thermal instability of nanofluids in natural convection [J]. Int. J. Heat Mass Transfer, 2008, 51: 2967 - 2979.

[194] Abu - Nada E. Application of nanofluids for heat transfer enhancement of separated flows encountered in a backward facing step [J]. Int. J. Heat Fluid Flow, 2008, 29: 242 - 249.

[195] Oztop H F, Abu - Nada E. Numerical study of natural convection in partially heated rectangular enclosures filled with nanofluids [J]. Int. J. Heat Fluid Flow, 2008, 29: 1326 - 1336.

[196] Tzou D Y. Thermal instability of nanofluids in natural convection [J]. Int. J. Heat Mass Tran., 2008, 51: 2967 - 2979.

[197] Tzou D Y. Instability of nanofluids in natural convection [J]. ASME J. Heat Tran., 2008, 130: 1 - 9.

[198] Alloui Z, Vasseur P, Reggio M. Natural convection of nanofluids in a shallow cavity heated from below [J]. Int. J. Thermal Sciences, 2011, 50: 385 - 393.

[199] Mustafa M, Hayat T, Pop I, et al. Stagnation - point flow of a nanofluid towards a stretching sheet [J]. Int. J. Heat Mass Transfer, 2011, 54: 5588 - 5594.

[200] Hamad M A A, Ferdows M. Similarity solution of boundary layer stagnation - point flow towards a heated porous stretching sheet saturated with a nanofluid with heat absorption/generation and suction/blowing: A lie group analysis [J]. Commun. Nonlinear Sci. Numer. Simulat., 2012, 17: 132 - 140.

[201] Yacob N A, Ishak A, Nazar R, et al. Falkner - Skan problem for a static and moving wedge with prescribed surface heat flux in a nanofluid [J]. Int. Commu. Heat Mass Trans., 2011, 38: 149 - 153.

[202] Bachok N, Ishak A, Pop I. Flow and heat transfer characteristics on a moving plate in a nanofluid [J]. Int. J. Heat Mass Transfer, 2012, 55 (4): 642 - 648.

[203] Rana P, Bhargava R, Rana P, et al. Numerical study of heat transfer enhancement in

mixed convection flow along a vertical plate with heat source/sink utilizing nanofluids [J]. Communications in Nonlinear Science and Numerical Simulation, 2011, 16 (11): 4318-4334.

[204] Hamad M A A, Pop I, Md Ismail A I. Magnetic field effects on free convection flow of a nanofluid past a vertical semi-infinite flat plate [J]. Nonlinear Analysis: Real World Applications, 2011, 12 (3): 1338-1346.

[205] Su X H, Zheng L C. Hall effect on MHD flow and heat transfer of nanofluids over a stretching wedge in the presence of velocity slip and Joule heating [J]. Central European Journal of Physics, 2013, 11: 1694-1703.

后　记

　　本书主要论述了延伸或收缩壁面上的磁流体边界层传递问题，重点着眼于水平、垂直和更一般的楔形壁面三种固面上不同类型的流体纵掠延伸或收缩壁面边界层的流动和传热。由于流动和传热问题在物理机理上的复杂性，控制方程在数学上的强非线性和耦合性，对此领域还有很多方面需要进一步深入探究，包括对相应控制方程解存在性、唯一性和其他定性性质的研究；解析求解 DTM-BF 方法最后需要求解代数方程组，目前对于三个及以上的耦合非线性边值问题的情况，求解还比较困难，还有待于在以后的研究中对 DTM-BF 方法进一步探索和完善；收缩壁面上边界层问题的多解性物理机理的研究；不同类型的流体在延伸或收缩壁面上边界层问题的动量、能量和质量的传递特点以及其他类型的延伸或收缩壁面譬如管道壁面等相应的边界层问题。因时间仓促以及作者本人学识有限，在本书中对此领域还有许多方面未有研究和阐述，冀望本书的出版能在此领域起到抛砖引玉的作用，推动延伸或收缩壁面上流体传输行为领域的研究不断深入。